フィールドの生物学―㉑

植物をたくみに操る虫たち

虫こぶ形成昆虫の魅力

徳田 誠 著

東海大学出版部

Discoveries in Field Work No. 21
Plant-manipulating insects:
The fascination of gall inducers and associated organisms

Makoto TOKUDA
Tokai University Press, 2016
Printed in Japan
ISBN978-4-486-02097-4

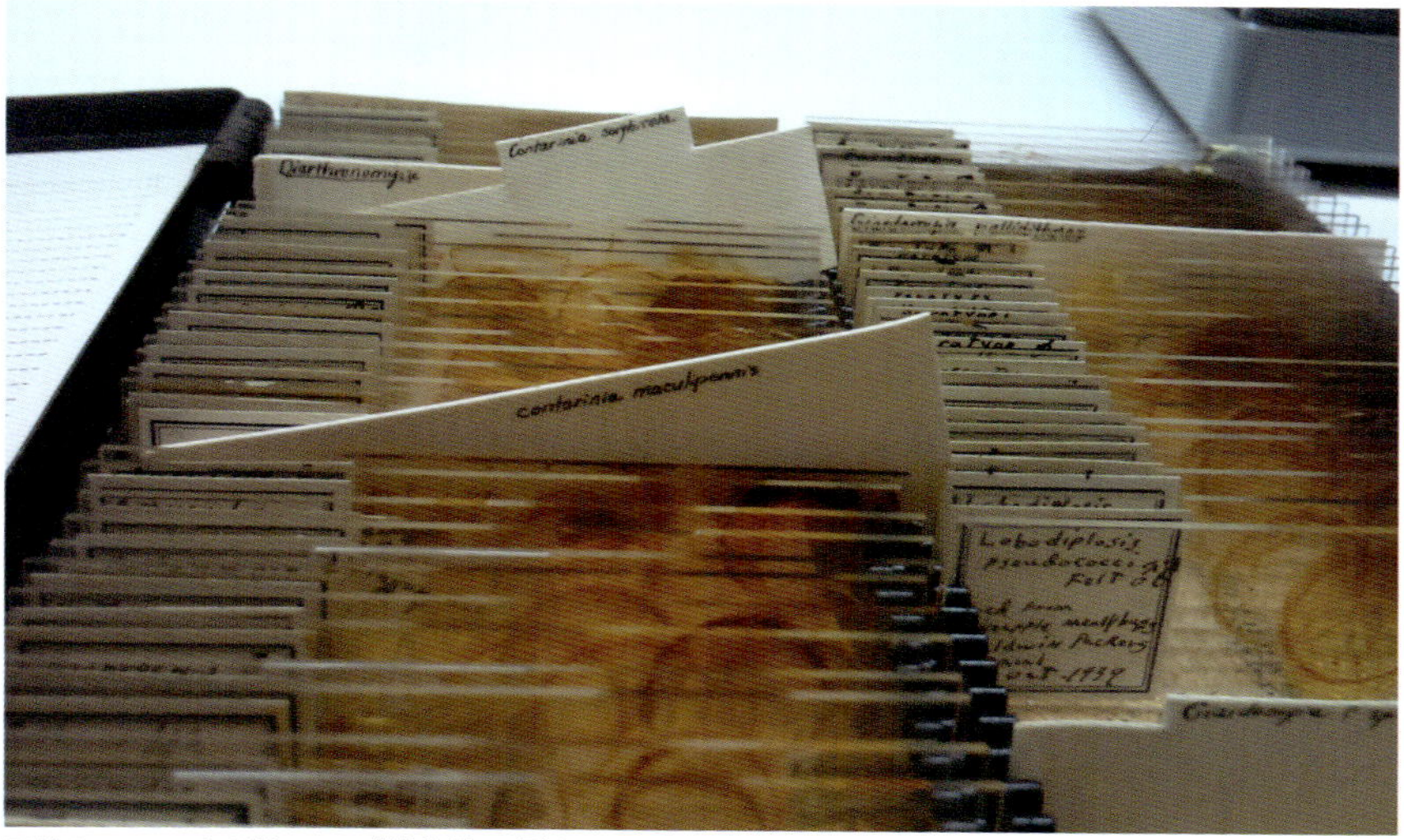

口絵1　ハワイ・ビショップ博物館に保管されているランツボミタマバエ *Contarinia maculipennis* とその近縁種のプレパラート標本（第3章「ランツボミタマバエの寄主範囲は？」参照．写真は2011年8月に国際会議でハワイを訪れた際に筆者が撮影したもの）．

口絵2　バラハオレタマバエ *Contarinia* sp. の終齢幼虫（第3章「バラハオレタマバエ」参照）．

口絵3　ヨモギワタタマバエ *Rhopalomyia giraldii* により，ヨモギの茎に形成された虫こぶ，ヨモギクキワタフシ（第3章コラム「虫こぶの和名」参照）．

口絵4
タブウスフシタマバエ *Daphnephila machilicola* により，タブノキの葉に形成された虫こぶ，タブノキハウラウスフシ（第3章コラム「虫こぶの和名」，第4章「台湾のタブウスフシタマバエ属」，第5章コラム「虫こぶの化石」参照）．

口絵5
ブドウトックリタマバエ（学名要検討）により，ヤマブドウの葉に形成された虫こぶ，ヤマブドウハトックリフシ（第3章コラム「虫こぶの和名」参照）．

口絵6
タマバエの一種により台湾のエノキ属植物 *Celtis sinensis* に形成された針状の虫こぶ（第4章「海外での出来事」，「台湾のタブウスフシタマバエ属」参照）．

口絵7
タブウスフシタマバエ属の一種*Daphnephila* sp.により台湾のタブノキ属植物*Machilus mushaensis*の枝に形成された棒状の虫こぶ（第4章「海外での出来事」，「台湾のタブウスフシタマバエ属」参照）.

口絵8
タブウスフシタマバエ属の一種*Daphnephila urnicola*により台湾のタブノキ属植物*Machilus zuihoensis*の葉に形成された釣り鐘状の虫こぶ（第4章「海外での出来事」，「台湾のタブウスフシタマバエ属」参照）．植物*Machilus mushaensis*の枝に形成された棒状の虫こぶ（第4章「海外での出来事」，「台湾のタブウスフシタマバエ属」参照）.

口絵9　タブウスフシタマバエ属の*Daphnephila taiwanensis*（葉の基部にある長い虫こぶ），*D. sueyenae*（中ほどの卵形の虫こぶ），*D. ornithocephara*（手前の細長い虫こぶ）の3種による虫こぶがタブノキの同じ葉に形成されているようす（第4章「海外での出来事」，「台湾のタブウスフシタマバエ属」参照）.

口絵10
モグリチビガ科の*Stigmella*属の一種によるマイン（潜葉）とGreen island effect（提供：大島一正博士）（第6章「エゴノキハイボタマバエ」参照）．

口絵11　タブウスフシタマバエ属の一種*Daphnephila* sp. によりインドのタブノキ属植物*Machilus bombycina*に形成された壷状の虫こぶ（第7章「インド・アッサム地方への派遣」参照）．

口絵12
黄金色に輝くムガシルク（第7章「インド・アッサム地方への派遣」参照）．

あなたのそばにもきっとある　虫こぶミニ図鑑

図番号・虫こぶ和名［形成者和名　形成者学名］の順に記載.
※虫こぶの和名は第３章コラムを参照.＊印は学名未決定種.写真撮影はすべて徳田 誠.

①**ワラビクロハベリマキフシ**［形成者：ワラビクロハベリマキタマバエ*］，②**ヤナギシントメハナガタフシ**［形成者：ヤナギシントメタマバエ *Rabdophaga rosaria*］，③**アカシデハミャクフクロフシ**［形成者：タマバエの一種*］，④**カシハコタマフシ**［形成者：カシハコタマバチ*］，⑤**カシハサカズキタマフシ**［形成者：カシハサカズキタマバチ*］，⑥**コナラハトジフクレフシ**［形成者：タマバエの一種*］，⑦**ナラメリンゴフシ**［形成者：ナラメリンゴタマバチ *Biorhiza nawai*］，⑧**スダジイハナエダフクレフシ**［形成者：タマバエの一種*］

⑨**ブナハスジトガリタマフシ**[形成者：ブナハスジトガリタマバエ *Mikiora bicornis*]，⑩**エノキハイボフシ**[形成者：フシダニの一種 *Eriophyes* sp.]，⑪**ケヤキハフクロフシ**[形成者：ケヤキヒトスジワタムシ *Paracolopha morrisoni*]，⑫**ガジュマルハマキフシ** [形成者：ガジュマルクダアザミウマ *Gynaikothrips ficorum*]，⑬**コアカソミトゲフシ** [形成者：タマバエの一種*]，⑭**イノコヅチクキマルズイフシ** [形成者：イノコヅチウロコタマバエ *Lasioptera achyranthii*]，⑮**シキミハコブフシ**[形成者：シキミタマバエ *Illiciomyia yukawai*]，⑯**タブノキハクボミフシ**[形成者：タブトガリキジラミ *Trioza machilicola*]

⑰**タブノキハフクレフシ**［形成者：タブハフクレタマバエ*］，⑱**ヤブニッケイハミャクイボフシ**［形成者：ニッケイトガリキジラミ *Trioza cinnamomi*］，⑲**ヤブツバキハミャクフクレフシ**［形成者：ヤブツバキウロコタマバエ *Lasioptera camelliae*］，⑳**イスノキエダナガタマフシ**［形成者：イスノフシアブラムシ *Nipponaphis distyliicola*］，㉑**イスノキハタマフシ**［形成者：ヤノイスアブラムシ *Neothoracaphis yanois*］，㉒**マンサクメイガフシ**［形成者：マンサクイガフシワタムシ *Hamamelistes betulinus miyabei*］，㉓**サクラハチジミフシ**［形成者：サクラコブアブラムシ *Tuberocephalus sakurae*］，㉔**クズハウラタマフシ**［形成者：タマバエの一種*］

㉕**クズハトガリタマフシ**［形成者：クズトガリタマバエ *Pitydiplosis puerariae*］，㉖**ヌルデミミフシ**［形成者：ヌルデシロアブラムシ *Schlechtendalia chinensis*］，㉗**ヌルデハイボケフシ**［形成者：ヌルデフシダニ *Aculops chinonei*］，㉘**イタヤカエデハイボフシ**［形成者：フシダニの一種*］，㉙**ヤマモミジハワモンフシ**［形成者：タマバエの一種*］，㉚**ホルトノキハエボウシフシ**［形成者：ホルトノキタマバエ *Pseudasphondylia elaeocarpi*］，㉛**カラスウリクキフクレフシ**［形成者：ウリウロコタマバエ *Lasioptera* sp.］，㉜**アオキミフクレフシ**［形成者：アオキミタマバエ *Asphondylia aucubae*］

㉝**キヅタツボミフクレフシ**［形成者：キヅタツボミタマバエ *Asphondylia* sp.］，㉞**エゴノキエダオオサンゴフシ**［形成者：ヤドリギアブラムシ *Tuberaphis coreana*］，㉟**ハクウンボクハウラケタマフシ**［形成者：ハクウンボクチビタマバエ 学名要再検討］，㊱**ハチジョウイボタミミドリフシ**［形成者：イボタミタマバエ *Asphondylia sphaera*］，㊲**テイカカズラミサキフクレフシ**［形成者：テイカカズラミタマバエ*］，㊳**ヘクソカズラツボミマルフシ**［形成者：タマバエの一種*］，㊴**テンニンソウクキコブフシ**［形成者：テンニンソウウロコタマバエ *Lasioptera* sp.］，㊵**オトコエシミフクレフシ**［形成者：オトコエシニセハリオタマバエ *Asteralobia patriniae*］

㊶**アキノキリンソウミフクレフシ**[形成者：アキノキリンソウミタマバエ*]，㊷**ノコンギクハナフクレフシ**[形成者：タマバエの一種*]，㊸**ハンゴンソウハナタマフシ**[形成者：ハンゴンソウハナタマバエ*]，㊹**ヨモギシントメフシ**[ヨモギシントメタマバエ *Rhopalomyia iwatensis*]，㊺**ヨモギメマルツボフシ**[形成者：ヨモギメツボタマバエ *Rhopalomyia longitubifex*]，㊻**ヨモギハベリマキフシ**[形成者：ヨモギクダナシアブラムシ *Cryptosiphum artemisiae*]，㊼**ヨモギハエボシフシ**[形成者：ヨモギエボシタマバエ *Rhopalomyia yomogicola*]，㊽**ヨモギハシロケタマフシ**[形成者：ヨモギシロケフシタマバエ *Rhopalomyia cinerarius*]

はじめに

この本は、生きものどうしの相互作用の中で、とくに虫こぶ（虫えい）形成昆虫と寄主植物との関係を中心に書かれている。それと同時に、ある一人の人間が、いかにして虫こぶと出会い、向き合い、そして巣立ちつつあるか、という話でもある。したがって、虫こぶ以外の研究に関する話題や、研究と直接関係のないエピソードもあちらこちらで登場する。

私は、ある時期から漠然と研究者になりたいという気持ちをもつようになったが、当時は虫こぶのことなどまるで知らなかったし、まさか自分が虫こぶを研究するとは想像だにしていなかった。

この本を執筆するにあたり改めて振りかえってみたが、自分の人生は、よくも悪くもいい加減で、いき当たりばったりで、棚からぼた餅、というか、塞翁が馬、というか、自分一人の力ではなく、周りの人に恵まれたおかげで、何とかここまですごしてこられたのだとつくづく思う。

誰しも人生の中で、何度か究極の決断を迫られるときがあるだろう。そして、もしあの時、もう一つの選択肢の方に進んでいたら、と思うときもあるだろう。私もそんな決断を迫られたことがあったし、究極の決断をしたのだけれども、私の力の及ばないところでその道を阻まれたこともあった。

私が今この場所でこの本を執筆しているのは、いろいろな偶然が重なった結果であり、その中の一つの偶然でも生じていなければ、まったく違った人生になっていたのは間違いない。

ただ、人生とは多かれ少なかれ、そんなものだろう。

三浦しおんの小説『舟を編む』（光文社刊）ではないが、一人の人間は、まさに大海を漂流する一つの小さな舟に乗っているようなものであろう。モーターボートのような強烈な才能に恵まれた人は別にしても、私を含む大半の人間は、自分なりに究極の決断をして、その方向に向かって必死で舟を漕ぐのだが、世の中には、自分の力では如何ともしがたい海流や嵐などが存在していて、舟は知らぬ間に、思いもよらぬ方向へと流されていき、当初の目標とはまるで違った島に漂着するかもしれない。そしてその島のどこかで、誰かと出会い、何かを見つけるかもしれない。

ただ、それはそれで、捉え方によっては楽しい人生といえるのではないだろうか。

私はこの本を、植物や昆虫の生態に興味をもつ方、そして、研究者を志している私より若い世代や、将来大学教員になる可能性のある方々を念頭に執筆した。

第1章～第3章は私のなかでは「島根・福岡・熊本編」であり、第1章は黎明期にあたる大学三年生の頃までの話、第2章はおもに大学四年生から大学院生までの基礎的な研究、第3章は大学院生からポスドク一年目までの応用的な研究を紹介する。そしてその番外編として、第4章ではその頃までの海外での出来事や関連論文について、第5章ではその頃までに取り組んだタマバエの生活史や種分化に関する研究について紹介する。第6章～第7章はいわば「関東編」であり、第6章はポスドク二～四年目、第7章はポスドク五～八年目の出来事や研究について紹介する。そして第8章～第9章は「佐賀編」で、第8章はおもに佐賀大学着任から二年目まで、第9章はおもに着任三年目以降の話と現在考えていることなどを紹介する。

とくにこれを伝えたい、という明確な目的があるわけではないので、人によりこの本を読んで感じることはそれぞれであろうが、この本を手にする人にとって、何か一つでも得られるものがあるなら幸いである。

ある一人のふつうの人間がどのような旅をして、どこにたどり着き、誰と出会い、何を見つけ、どんなことを考えたのか。しばしお付き合いいただきたい。

目次

第1章
なんとなく生物部

天然コケッコー

くらもちふさこさんが原作の『天然コケッコー』(集英社刊)という少女マンガの存在を知ったのは二〇〇七年頃のことだった。この作品が山下敦弘監督により映画化される、というニュースをインターネットで見かけたのがきっかけだった。

同年公開された映画版「天然コケッコー」は、朝日ベストテン映画祭最優秀作品賞(第一位)、キネマ旬報ベスト・テンの日本映画部門第二位、毎日映画コンクール日本映画優秀賞などを受賞し、主演の夏帆さんはこの作品で第三十一回日本アカデミー賞新人俳優賞に輝いた。

原作は、架空の村を舞台に描かれているが、Wikipediaによれば、そのモデルとなったのは島根県那賀郡(現・浜田市)三隅町とされている。私が生まれ育った町である。

この映画がきっかけで原作のマンガを読んでみたところ、主人公である右田そよのボーイフレンドとなる東京からの転校生(映画では岡田将生さんが演じられていた)が引っ越して来た家は、その入口にある階段のようすからして、私の実家の数軒隣りがモデルだと思われ、作品中の随所に、私が幼少期に見た近所の家並みや風景がそのまま描かれている。

私は主人公らと同じ小学校・中学校を卒業した。実際には、物語に登場するほど全校児童・生徒の人数は少なくなかったものの、受験とは無縁ののんびりとした義務教育をつつがなく終え、物語の主人公たちが進学した高校のモデルとされる島根県立浜田高等学校(浜高)へと進学した(図1・1)。

浜高には普通科と理数科があるが、私は中学の授業の中で理科が一番好きで、運動が苦手であったため、理

図1・1　島根県立浜田高等学校の生徒の出入口．3年間この階段を昇り降りした．

科の授業数が多く体育が少ないという理由で、理数科に進学した。

中学まではのんびりしたぶん、高校生になったらきちんと勉強しよう、まじめに勉学に励み、大学を受験しようと漠然と考えていた私は、迷いなく帰宅部生になるつもりだった。

ところが、たまたま同じ中学から浜高に進学していた一年上の先輩から、「生物部に入ってくれんかね。」と誘われた。なんでも、現在は部員が二名しかおらず、実質的な部の活動は休止状態とのこと。入部すれば部室が自由に使えるし、とりあえず籍だけでも置いておかないか、という話だった。

それなら、ということで、保育園から高校までずっと親友であった同級生の次藤 毅君を誘い、生物部に籍だけ置くことにした。

これが、私の人生をあらぬ方向へと動かす最初のきっかけだったのかもしれない。

図1・2　浜田高等学校の生物学実験室.

浜高生物部、復活

生物部の説明がいちおうあるということで、ある日の放課後に、生物学実験室に集合するようにと言われた（図１・２）。

私は、たまたま高校一年のクラスで席が隣になった木村 学君も生物部に勧誘し、実験室へと向かった。すると、次藤君も彼のクラスの友人二人を誘って来ていた。

結果的に、現役部員がたったの二名だった生物部に、実質的には帰宅部だが、部室を使えるという理由で集合した新入生が五名加入することになった。

近年になかった想定外の大量「入部」に、生物部の顧問をされていた高橋尚彦先生のテンションが急に高まり、

「おお、久しぶりに新入部員がたくさん来たねえ。せっかくだから今年は何か活動をしようか！」

とおっしゃった。

え、活動するの、聞いてないよ、とは思ったが、かといって、ゼッタイに何もやりたくないという強い主義主張をもち合わせているわけでもない新人五名は、なんだかよくわから

ずも、はあ、まあ……という感じで、なんとなくその提案を受け入れて、とりあえず、名実共に生物部の部員となった。

浜高生物部が、いつからとも知れぬ眠りから覚め、活動を再開した瞬間だった。

水生昆虫の調査

こうした妙なきっかけから、私は高校時代の三年間、四名の同級生らとともに、生物部としての活動をすることになった。週末になると、ときどき高橋先生が浜田市周辺の主要な川につれて行ってくださり、上流から下流まで、カゲロウやトビケラ、カワゲラといった底生の水生昆虫を採集して回った。そして、各調査地点で採集される水生昆虫と川の状態との関係を比較した。

浜高では、毎年秋に浜高祭と呼ばれる文化祭が開催される。当時、文化系の部の中では、古墳の研究などを熱心におこなっていた歴史部が飛び抜けた存在だったように思う。毎年の文化祭での文化系展示の最優秀賞は、常に歴史部が筆頭候補であった。

一方、生物部の出し物は、毎年金魚すくいと決まっていた。高校の近くにある熱帯魚屋さんから、セットを一式借りてきて、生物実験室に設置するだけの、何とも安易な展示であった。

ただ、私が所属していた三年間は、いちおう「部」としての活動もやっていたので、金魚すくいの傍らで、週末に実施した水生昆虫の調査結果をポスターにまとめて展示していた。

無論、ほとんどの生徒は水槽の中で大量に泳ぐ金魚をすくうのに夢中で、部屋の脇に静かにたたずんでいるポスターは視野に入っていないようであった。そして私たちのやることといえば、ほとんどが金魚すくいの対応で、稀に先生方が実験室のようすを見にこられた際に、簡単にポスターの説明をする、という程度だった。

浜高祭での出来事

それは、幸か不幸か、たしか最初に部員を打診されたという理由で、私が部長を仰せつかっていた三年生の文化祭であった。

生物部の展示会場に、突然、眼光鋭い教頭先生がお見えになった。そして、つかつかと部屋に入ってこられると、中央にデーンと置かれた金魚すくいの水槽には目もくれず、部屋の脇にひっそりとたたずむポスターの前へと進まれて、その内容を、上から下まで舐めるように確認された。

……無言の時間が過ぎる。

その傍らで、私は部長としての義務感と、何ともいえない緊張感とともに直立不動の姿勢で控えていた。

やがて、それまでポスターに釘付けであった教頭先生の視線が角度を変えて、ギロリと私の顔につき刺さった。

そして、矢継ぎ早の質問。

咄嗟の事態にテンパってしまい、しどろもどろになりながら返答した。

もう二十年以上前の話で、どんな質問がされたのかはほとんど記憶に残っていないが、ただ一つ覚えているのは、ある川の上流での調査結果に関しての質問だった。

河川は上流から下流にかけて、さまざまな表情を見せる。そしてそこに棲む生きものも、川の流量や流速、水質、川底の状況などにより大きく様変わりする。

当時私たちが取り組んでいた研究は、川底に生息する水生昆虫を指標生物として、それぞれの河川の水質や環境を評価する、というものだった。

一般的に、川の水は上流ほどきれいで、下流になるにつれて生活排水の流入などにより汚染されていく。そして、その水質の変化に伴って、生息する水生昆虫も変化する。逆に、ある川のある地点で採集された生きものを見ると、その場所の河川環境や水質の状態が推測できる。

きれいな水にしか生息しない昆虫、少し汚れた水でも生息する昆虫、汚れた水の所にしか生息しない昆虫など、採集された昆虫にそれぞれ点数をつけると、その場所の水のきれいさを数値として評価することが可能である。

教頭先生の質問の一つは、私たちが調査したほとんどの河川では、上流から下流に進むにつれて、評価が低くなる、つまり、だんだんと水が汚れていることを示していたが、ある一つの川でのみ、上流部で著しく評価が低い地点があった。そして、それはなぜか、という質問だった。

じつは、その地点のそばには養豚場があって、おそらくそこから流入する排水の影響により、その地点は川底の状態も流量も典型的な上流の環境であるにも関わらず、通常は下流の汚水域でしか見られない生きものが多く確認されていたのだ。

「じゃあつまり、その養豚場が汚水を川に垂れ流しているということかね」

「断言はできませんが、結果から考えますと、その可能性が高いように思います」

「それはけしからんことだね」

というような会話をした記憶がある。

金魚すくいが最優秀賞？

緊張としどろもどろのお返しは、思わぬかたちでもたらされた。

生物部の展示「水生昆虫を指標とした河川の水質評価に関する研究」は、その年の浜高祭で最優秀賞を受賞した。

選考過程の詳細までは教えてもらわなかったが、「教頭先生に感謝しなきゃね」と顧問の高橋先生がおっしゃっていたとおり、文化系の部の展示を熱心にくまなく見て回られていた教頭先生が強く推薦してくださったのではないかと想像している。なかには、「え、生物部なんて存在してたの？」とか、「なんで金魚すくいが最優秀賞なの？」と思った学生もいたかもしれないが……。

正直、当時の歴史部の皆さんの熱心な活動量には及ばなかったと思うが、私たち生物部も自分たちのペースで着実に活動を継続し、各地点で採集された昆虫がどの種なのか、『日本産水生昆虫検索図説』（川合、一九八五）などの検索表にしたがって同定する作業を黙々と続け、データを取りまとめた。

そして、高校三年生の頃には、浜田市とその周辺のどの川がどのような環境で、どの地点にどんな水生昆虫どれくらい生息しているか、おおよそ把握することができた。

ただ、その同定作業の際に、時折疑問を感じることがあった。水生昆虫の種への検索表は、たとえば、どこどこの部分に毛が生えている、いない、とか、どこそこの長さが何とかより長い・短いなど、形態的な特徴の二者択一の選択肢を繰り返して進んでいき、最後までたどり着くと、その昆虫がどの種かが明らかになるという仕組みになっている。ところが、選択肢のどちらとも言い難いような場合があったり、あるいは、確実に「正解」を選んでたどり着いた先の種が、◯◯カゲロウ、という結果に至っても、どうみても実際に採集した昆虫はその種とは別種であったり、という例がしばしばあったのだ。

そんなとき、高橋先生に相談すると、

「もしかすると図鑑に載っていない種なのかもしれないね。徳田君、将来、大学で、こういう研究に取り組めばいいよ。」

と勧められた。

今でこそ、昆虫の世界にはまだ名前が付いていない種（未記載種）が無数にいるということを理解しているが、当時の私はそんな昆虫分類学の現状についてまったくもって無知だった。

大学受験

大学受験を控えた頃、私は当時盛んに叫ばれていた砂漠化の進行などの地球環境問題に興味をもっていて、将来は植物の研究に取り組んで、砂漠の緑化などに携わりたいという思いをもち始めていた。

したがって、水生昆虫に愛着を感じていたのは事実だが、砂漠の緑化と水生昆虫が私の中ではまったく結びつかなかったこともあり、水生昆虫の研究は高校時代の、生物部としての活動として割り切っており、大学に進んでからもそれを続けようという気持ちはまったくなかった。

進学先の大学や学部を選ぶにあたり、当時はまだインターネットが普及しておらず、携帯電話ももちろんなかった。世間の情報とは、もっぱらテレビやラジオ、そして書物から得るものだった。どこに進学すべきか、という情報も、受験情報誌からのみ得ることができるような状態だった。

もっとも、ひょっとすると当時から大学のオープンキャンパスなどもおこなわれていたのかもしれないし、もし自宅の近所に大学があれば参加することもできたのかもしれないが、私の実家からは、最寄りの島根大学でさえ、車で二時間以上かかる場所にあり、気軽に見学に行けるような場所ではなかった。

植物の研究に携わるなら、理学部か農学部のどちらかに進学すべきと考え、当時浜高にいた生物の教員に、進学先としてどちらが良いか意見をうかがったところ、おもしろいことに、当時の教員は全員が理学部出身であったにもかかわらず、その全員が、例外なく農学部の方がおもしろいかも、と助言してくださった（……今思えば、隣の芝の方があおく見えていただけなのかもしれない。いやきっと、私の応用指向が強かったために、それなら農学部を、と的確に助言してくださったのだろう）。

ただ、当時の書物から得られる情報だけでは限界があり、どの学科に進めば良いのかなかなか判断がつかなかったため、入学後に学科を選ぶことができる九州大学農学部へと進学した。

大学生活

大学入学は、初めて実家を離れての一人暮らし、そして、初めての大都市での生活、私の実家周辺ではけっして見かけることのなかった奇妙な同級生たち（通称、都会人）との出会いなど、それまでの価値観が大きく変わる節目になった。

入学時にいくつかのサークルから声をかけられ、生物部に入ろうかな、とも考えて新歓などには参加したのだが、それ以上に留学生との交流を目的とした「国際親善会」という、何だか怪しげな名前の団体（失礼……いちおうちゃんとしていて、伝統のある団体だった）に妙に惹かれ、その活動にくわわった。

私は高校時代まで、実家の周辺では外国の方々と交流する機会がなかった。唯一の外国人といえば、中学の英語の授業の際に、何度かネイティブスピーカーの方が来てくださっただけであったが、その方はたしかハワイ出身の日系人で、英語がペラペラという以外、日本人とあまり違いがなかった。ただ、私の父が外国航路の船乗りであったため、数ヶ月の勤務から実家に戻ってくるたびに、外国の硬貨をお土産にもって帰ってくれていた。父が不在の間は、その硬貨を眺めながら、母や祖母に、これはどこの国のお金？　それはどこにあるの？　というような質問をして、その国がどんな所なのかを想像していたように思う。

そんな中で、その団体では留学生と交流ができると聞いたので、ただ刺激的に感じたのだと思う。

国際親善会

大学一年から二年にかけては、中国や韓国、タイ、インドネシア、ニュージーランドなど、さまざまな国からの留学生といろいろな話をすることが当時の私にとってはとても新鮮で、本当に楽しかった。

英語は受験勉強でさんざん単語を覚えさせられた影響ですっかり嫌気がさしていたので熱心には取り組まな

かったが、当時は中国や韓国からの留学生が多かったこともあり、もうちょっと頑張れば「語学オタク」にでもなれそうな勢いで、中国語と韓国語の勉強にいそしんだ。

中国語の方は、第二外国語の必修の単位を取り終えたあとも自主的に受講を続け、韓国語の方は、たまたま時間割が空いているときに韓国語を開講されていた教員に、単位はいらないのですが、講義が受けたいです、と頼み込んで自主的に受講させてもらった。

とくに中国語の方は熱心に取り組み、もう一人、同じサークルで中国語に興味をもっていた友人（その後、一年休学して中国に留学した）といっしょに、午前中の授業が終わると、大学の近所で中国人が経営している中華料理屋に昼食を食べにいき、そこでカウンター越しにその日習った中国語の例文を使って会話の練習をしたりした。

ある日、歩きながら、舌を上側に曲げる中国語の発音の練習をしていると、横断歩道を渡る途中で舌がつってしまい、治し方がわからなくて困ったこともあった。

もともとは植物の研究がやりたくて進学したのだが、学科に配属されるまではそちらの方はすっかり脇に置かれていた。

学科配属

九州大学農学部では、二年生の後期から学科に配属され、三年生の後期に研究室（講座）に配属される。私は第一希望の農学科に無事に配属され、次の三年生に進級後の研究室配属ではぜひとも植物系の研究室を希望したいと考えていた。農学科は当時一番人気で、女性の方が成績が良い傾向があったためかもしれないが、配属された二十九名のうち、二十二名は女性であった。男は何となく肩身が狭い感じで、だいたい教室の後ろの方の席に一列に並んで授業をうけていたように思う。

研究室配属が近づいてきた頃、周りの友人に聞くと、なんとほぼ全員が植物関係の研究室に進みたい、という話であった。

これは困ったな、と思った。なぜなら当時、各研究室への配属者数が決められていて、最低でも一名は配属される必要があり、最大六名までしか配属されなかったからだ。もしみんなが植物系の研究室を希望すれば、定員を超過する可能性もあるし、逆に、誰も希望しない研究室があれば、誰か一人はそこに回されてしまう可能性もある。

そんな中で、植物の研究室にいきたいという気持ちと並行して、私の中では、もしそこまで皆が植物をやりたいというのなら、自分までが無理をしてそこに割り込んでいかなくてもいいかなあ、全員が同じ考えというのはあまり良くないんじゃないかなあという気持ちも少しずつ芽生えてきた。

研究室配属

植物系以外の研究室で、誰も希望していない研究室。それは、昆虫の研究室だった。

昆虫学教室（研究室のことを皆そう呼んでいたので、以後そう呼ぶことにする）は、農学部一号館三階の端にあったが、その廊下には当時、両側にたくさんの本棚が並んでスペースを埋めており、天井の照明はほとんど切れていて、真っ暗な感じの研究室であった。

そして、学生がいる部屋は、それぞれの学生が机の周りを城壁のようにスチール棚で囲んで「要塞」化し、天井の電気は棚を埋め尽くした標本箱や書籍の壁に遮られてろくに届かないような状況の中で、机の脇に置かれたスタンドライトの明かりだけが光っていて、学生たちは机の中央に置かれた顕微鏡をのぞいて、何か黙々と作業している、とような雰囲気であった。

したがって、当時ほとんど女性ばかりの同級生の間では、「なんか暗くて気持ち悪そうな研究室だし、しかもムシでしょ、私ゼッタイ嫌よ、あそこに回されるのは……」みたいな雰囲気であった。

実際には、九大農学部昆虫学教室は、知る人ぞ知る昆虫研究のメッカであり、日本各地、あるいは世界各地から大学院に進学してくる人がいる有名な研究室であったのだが、恥ずかしながら私は、九州大学に昆虫を研究している研究室があることを、学科に進学する頃までさっぱり知らなかった。

誰も回されたくないのなら、私が昆虫学教室を希望すればすべてが丸く収まるのではないか、という気持ちの芽生えに水を与えたのは、高校時代に生物部の顧問だった高橋先生がふとしたときに言われた、「将来水生昆虫の研究をやってみたら」という一言であり、光を与えたのは、勇気を振り絞って研究室の説明をうかがいに行った際の、当時の昆虫学教室の森本 桂教授のお言葉であった。

教授室で森本先生から、今まで何か昆虫を扱っていたかと尋ねられ、高校時代は生物部でカゲロウなどの水生昆虫を調べていました、と返答したところ、

「それはいい。日本産のカゲロウは、誰かがきちんと整理しないといけない。君がぜひやればいい」

とおっしゃった。

そうか、やっぱりカゲロウは、誰かがやらないといけなかったのだ！
私はこれぞまさに運命だな、と思った。
配属希望研究室の調査の際、私は迷わずに昆虫学教室を希望した。

第2章
運命のたより

カゲロウの研究

学部三年の後期、三年生でただ一人、昆虫学教室の所属となった（正確には、三名が昆虫学講座の所属になったが、残りの二名は昆虫学教室ではなく生物的防除研究施設で卒業研究に取り組むことになり、実質的には私一人が昆虫学教室の所属であった）。

私は、昆虫の形態の勉強をしたり、カゲロウの分類に関する英語の論文を四苦八苦しながら読んだりしつつ、当時昆虫学教室の助手をされていた紙谷聡志先生（現・准教授）に、福岡県保健環境研究所に務められていて水生昆虫に精通されていた緒方 健さん（故人）を紹介していただいた。緒方さんはいろいろなことを教えてくださるとともに、福岡や佐賀などにいっしょにカゲロウ採集に回ってくださった。そして、あそこで採集すればおもしろいかも、あの研究をしてみればよいかも、と、いつもにこやかな表情で提案してくださった。

夜には原付で一人で河川周辺の自動販売機を回って亜成虫（カゲロウの仲間は、一般的な昆虫と異なり、飛翔可能な翅をもつステージが二つ存在する：終齢幼虫が脱皮すると翅が生えた亜成虫となり、亜成虫がもう一度脱皮して成虫となる）や成虫を捕まえて回った。また、川から採集してきたカゲロウの幼虫を飼育したりもした。

湯川淳一教授の着任

森本先生はその年度末で定年退官され、私が四年生になった四月から、昆虫学教室の新たな教授として、鹿

図2・1　湯川淳一先生．東北地方での野外調査の際に撮影．

児島大学農学部教授だった湯川淳一先生が着任された（図２・１）。湯川先生が着任された頃には、私は卒業研究のテーマとして、カゲロウの分類学的研究をやる気にすっかりなっていた。しかし、湯川先生からは、先生が専門とするタマバエなどの「虫こぶ形成昆虫」を対象とした研究に取り組まないかと勧められた。

そもそも、虫こぶというものに対してまったく知識がなかった私は、「ハエ」の研究か、と思い、何となく気が進まず、授業の合間などに湯川先生の部屋に通っては、卒業研究のテーマをどうするか、さまざまな議論をした。

しかしながら、当然といってしまえば当然なのだが、昆虫学に関してはズブの素人で、学部四年生になったばかりの私と、当時、昆虫学に関する世界最大の集まりである国際昆虫学会議の評議員を日本人でただ一人務めておられ、国内はおろか、世界の昆虫学の趨勢に精通しておられた湯川先生とが一対一で何をどう議論しても、私に勝ち目はなく、けっきょくはどこから議論が始まってどう登っていこうとも、最終的にはカゲロウよりもタマバエに取り組む方がよい、という頂上にいき着いてしまい、「もう少し考えさせてください」と、「待った」をかけて教授室から撤退する日々が続いた。

このままでは何だかよくわからないが、「こぶ」とか「ハエ」の研究をさせられることになってしまう、という状況がだんだんと現実味を帯びてきた。

それと同時に、自分でも信念がないとつくづく思うが、私の頭では、ここまで熱心に勧めてくださるなら、せっかくなのでタマバエの研究をさせてもらおうか、という気持ちも少しずつうまれてきていた。

ただ、当時の私には、着任したばかりの湯川先生のお人柄が十分に理解できておらず、一つだけ懸念していることがあった。それは、湯川先生が、本当に私の将来を考えて、カゲロウよりもタマバエの方が良い、と勧めてくださっているのか、それとも単に、ご自身の研究を進めるための「駒」が必要なので、私にタマバエの研究を手伝うようにおっしゃっているのか、私にはそのどちらかを見極めるだけの知識がなかった。

そんなある日、私の頭に、ふと一つのアイデアが浮かんだ。湯川先生と正面から敵対しては、けっして議論に勝てる見込みはないので、逆に湯川先生をこちらの味方につけて、そのパワーを利用させてもらえばよいのではないか、と思いついたのだ。

しかも、それを実行すれば、その結果いかんで、私が懸念をもっていた湯川先生の真意がどちらなのかの判断までついてしまう。これは本当に名案だ。このアイデアが浮かんだ夜は、翌日になるのが待ち遠しくて、なかなか眠ることができなかった。

勝負の一手

満を持して挑んだ翌日の教授室、私は湯川先生に質問をした。

「先生、今日は一つだけ教えていただきたいのですが、もし、私がカゲロウの研究に卒業研究で取り組む場合、タマバエの研究をするよりも何か良い点はありますでしょうか」

するとと湯川先生は、

「んーーー、そうやなあーーー」

と当惑されたような表情をされて、うなられた。そして、

「やっぱり、世間一般に認知度が高いところ、身近なところかな。水生昆虫なら、都市部の河川などでも研究ができるし、タマバエに比べると人間の生活に密着しているし、一般の人でタマバエのことを知っている人はあまりいないだろうけど、水生昆虫で、指標生物として水質を評価するというのは一般の人にはわかりやすいでしょうね」

というような返答をしてくださった。

その返答をうかがって、私の迷いは消し飛んだ。そして、

「わかりました。ありがとうございます。決めました。卒業研究では、ぜひタマバエの研究をやらせてください」

とお願いした。

質問の真意

私は、前述の湯川先生の真意がどちらなのかを判断するうえで、もし先ほどのような質問をした場合、仮に

先生が、私の将来のことを考えて発言してくださるなら、きっと私がカゲロウの研究をやった際にメリットになる点を何かあげてくださるに違いない、と考えた。

逆に、将来うんぬんではなく、どうしても今タマバエの研究を進めるための駒が必要であるのなら、私がカゲロウの研究をやっても良いところはない、というような否定的な発言をされるのではないかと考えた。

そもそも、私がカゲロウの研究やることになったのは、流れに任せて入部した高校時代の生物部のいわば偶然の産物のようなものであり、カゲロウの研究、私よりも桁違いに多くの経験を積んでおられる湯川先生が、私の将来を見据えたうえでカゲロウよりもタマバエの方が良いですよ、と言ってくださっているのだとすれば、すぐにはその真意が理解できなくとも、先生のご助言にしたがっておく方が、将来振りかえってみると良い方向に人生が転る可能性が高いのではないかと考えた。

そこで、もし湯川先生が、カゲロウで卒論に取り組むことの利点を述べてくださったなら、タマバエの研究をさせてもらおう、と心に決めていたのだ。逆に、もしあの場面で否定的なご意見しかいただけていなかったなら、私はきっと、かたくなにカゲロウの研究を続けていたのではないかと思う。

今思い返せば、この一件は、湯川先生に対して甚だ失礼なことをしてしまったが、結果的に、私はあのときに湯川先生からタマバエの研究を勧めていただき本当に良かったし、そのおかげで研究者になることができ、ここまで楽しく研究を続けてこられたと心から思っている。感謝しても感謝しきれない思いである。

こうした紆余曲折を経て、私はこの本のタイトルにもある「虫こぶ」に出会い、それから現在に至るまでの虫こぶとの旅が始まることになった。

虫こぶとは

虫こぶ（専門的には虫えい、あるいは英語でコブを表すgallから、単に「ゴール」と呼ばれることもある）とは、昆虫やダニなどが植物に化学的な刺激を与えて形成する構造である。口絵写真にあるように、さまざまな形状のものが見られる。

昆虫が刺激を与えなければ、植物にこのような構造が作られることはけっしてないため、植物側から見れば異常な形状ともいえるが、昆虫にとっては、まったく〝正常な〟構造であり、ある種の昆虫は、いつも同じ形の虫こぶを、特定の植物に形成する。

同じ植物の上に、何種かの昆虫が虫こぶを形成することがあるが、一般に、昆虫の種が違えば、作られる虫こぶの形状も異なる。つまり、虫こぶの形は昆虫が決定している。つまり、虫こぶは、生きた植物の上に現れた昆虫の「延長された表現型」（コラム参照）といえる（徳田、二〇一三a）。

虫こぶはとても精妙にできていて、内部にはそのこぶを作った幼虫が住むための部屋（幼虫室）がある。そして、幼虫室の内壁には、昆虫に栄養を供給するための特別な細胞が存在する。一方、虫こぶの外壁は、とても固かったり、昆虫にとって美味しくない物質が蓄積していたりするので、他の昆虫が外側からやってきても、虫こぶ内の豊富な栄養分を横取りすることは難しい。つまり、虫こぶは、虫こぶ形成昆虫にとって、「セキュリティ付きのお菓子の家」とでもいえるだろう（徳田、二〇一三b）。

オトシブミが形成するゆりかごや、ガなどの幼虫による葉つづり、ハモグリバエの幼虫などによる潜葉（マイン）は、虫こぶに似ているが、虫こぶではない。虫こぶには、植物細胞の異常肥大や異常増殖など、病理学的な変化を伴うものだけが含まれる。

コラム　延長された表現型

ドーキンス（Richard Dawkins）により提唱された概念で、遺伝子が発現することにより生じる表現型の範囲を、その個体により改変された周囲の環境にまで拡張したものである（Dawkins, 1982）。たとえば、鳥の場合、種によって巣をつくる場所や用いる巣材、巣のサイズや構造などがある程度決まっているため、鳥の巣を見れば、鳥そのものを見なくともどの種の鳥がつくった巣かがわかる場合がある。この場合、ある特徴をもった巣をつくる、という鳥の性質（遺伝子型）が、表現型としてその鳥によりつくられた巣にまで拡張されているとみなすこともできる。つまり、鳥の巣は、鳥の「延長された表現型」とみなすことができる。虫こぶの場合も同様で、ある昆虫は、かならず特定の植物の決まった場所に、同じ形の虫こぶを形成するため、虫こぶを見ただけで形成者を特定することが可能である。したがって、虫こぶは生きた植物組織から構成されているものの、昆虫の「延長された表現型」とみなすことができる。

オトシブミとの遭遇

学部四年生の五月頃、湯川先生らとともに、虫こぶを探しに福岡市郊外の立花山に行った。立花山は標高三六七メートルの山である。登山道を登りながらさまざまな虫こぶを探していたところ、エゴノキ *Styrax*

図2・2　エゴツルクビオトシブミのメス成虫.

図2・3　エゴツルクビオトシブミによりエゴノキに形成されたゆりかご(揺籃).

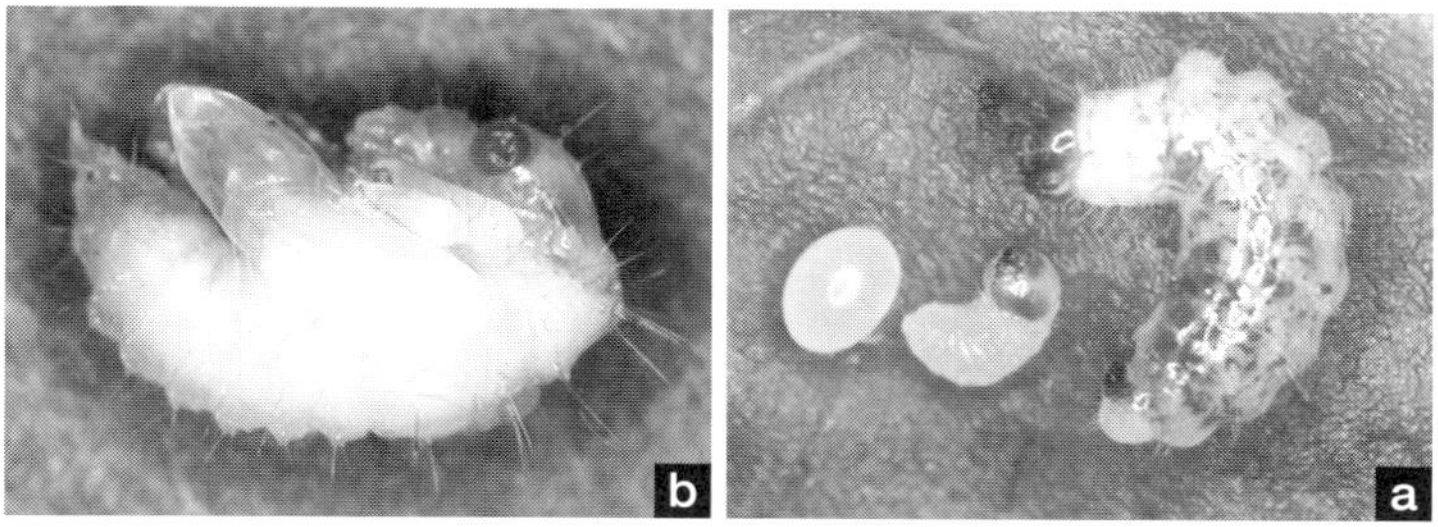

図2・4　a)エゴツルクビオトシブミの卵(左)と若齢幼虫(中)，老齢幼虫(右).
b)エゴツルクビオトシブミの蛹.

japonica（エゴノキ科）の葉に、エゴツルクビオトシブミ *Cycnotrachelus roelofsi*（図2・2）が多数のゆりかご（揺籃）を作っているのを偶然見つけた（図2・3）。オトシブミの仲間は、寄主植物の葉を器用に巻いてゆりかごを作り、その中に卵を産む（図2・4）。

「ちょうどいいので、これで生態的なデータ取りの練習をしてみましょう」と湯川先生がおっしゃった。

そこで、このオトシブミが、どのような葉にゆりかごを形成しているのかを調べてみることにした。

オトシブミ、漢字で書けば「落とし文」。私にとってはまさに、そのゆりかごが運命のたよりであった。

立花山で偶然であったエゴツルクビオトシブミであるが、この昆虫がゆりかごを形成するエゴノキは、私の人生の随所で大きな影響を与える植物となった。

エゴツルクビオトシブミとエゴノキ

立花山から戻ったあとでわかったことだが、エゴツルクビオトシブミは、日本産のオトシブミの中ではもっとも寄主範囲が狭い種で、エゴノキとその同属のハクウンボク *Styrax obassia* のみを利用する。立花山にはハクウンボクは生えていないので、オトシブミはエゴノキの葉にのみゆりかごを形成する。また、本種は成虫越冬で年二世代であり、私たちが見つけたゆりかごは、春に現れる越冬世代の成虫が形成したゆりかごであった(このゆりかごで育った第一世代の成虫が、夏にゆりかごを形成する)。

また、エゴノキの葉は、通常三枚一組で展開する。この三枚組の葉を春葉と呼ぶ(図2・5)。三枚の春葉のうち、真ん中の葉(中央葉)は、両側の二枚の葉(側部葉)よりも大きいという特徴がある。ほとんどの芽からは、春葉しか展開しないが、中にはさらに枝を伸ばし、四枚以上の葉をつけるものもある。勢いの良い芽は二十枚以上の葉をつけることもある。この四枚目以降の葉は夏にかけて順次展開するため、夏葉と呼ぶことにする。夏葉のサイズは、春葉の中央葉とほぼ同じである。

四月に調査をした当時は、春葉のみが展開している状態であったため、三枚の葉のうちのどの葉にゆりかごができているかを調べた。すると、春に現れた越冬世代のメス成虫は、春葉の中央葉にゆりかごをつくっていた。さらに、ゆりかごがつくられた中央葉と、ゆりかごがつくられなかった中央葉の大きさを比べてみると、ゆりかごがつくられた中央葉の方が大きいことが判明した(図2・6)。つまり、エゴツルクビオトシブミの

図2·5　エゴノキの春葉．中央葉は側部葉に比べて大きい．

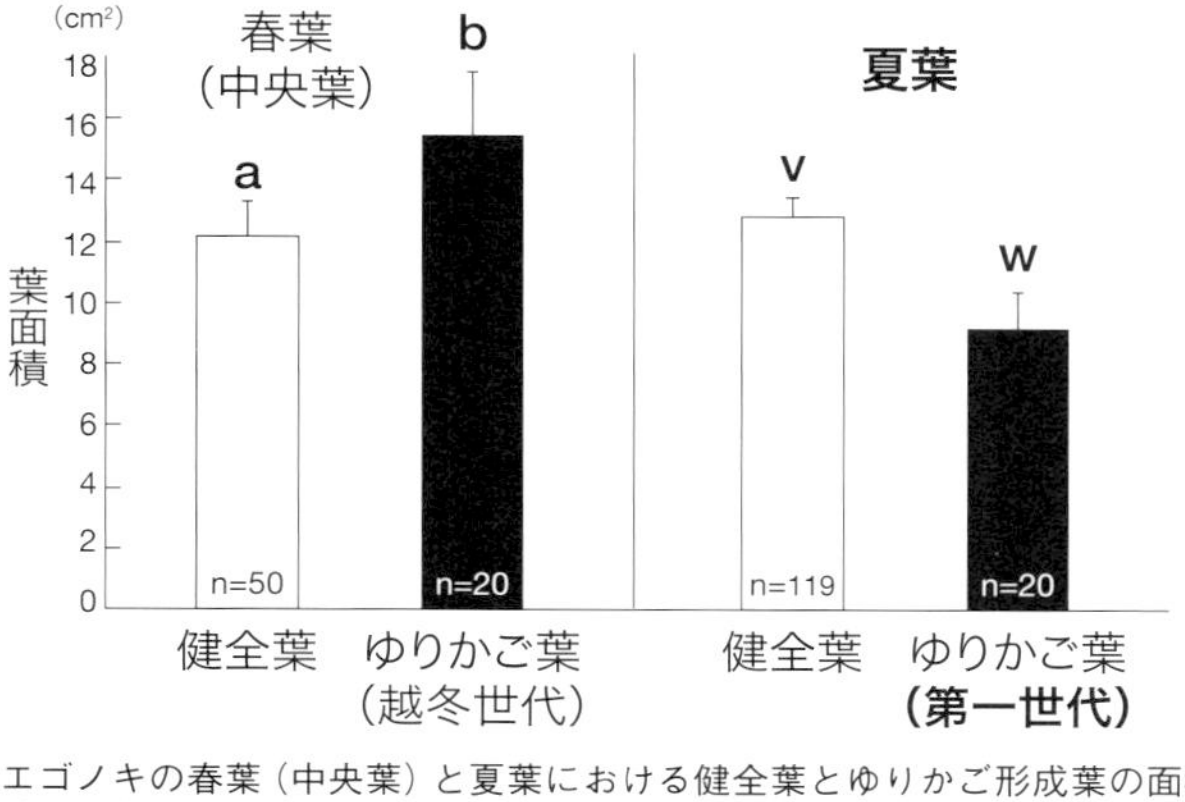

図2·6　エゴノキの春葉（中央葉）と夏葉における健全葉とゆりかご形成葉の面積の比較．越冬世代により春葉に形成されるゆりかごは，中央葉の中でも大きいものに形成されているのに対し，第一世代により夏葉に形成されるゆりかごは，通常の夏葉にくらべ小さい葉に形成されている．異なるアルファベット（a, b および v, w）の間で統計的に有意な差が認められた（分散分析，$P < 0.0001$）（Tokuda *et al*., 2001 を改変）．

メス成虫は、産卵場所として、なるべく大きい葉を選んで利用していたのである。

ゆりかごは、オトシブミの幼虫にとって棲み家であり、かつ、食料源でもあるので、幼虫にとっての食物の量を考えると、大きい葉にゆりかごをつくった方が良い場所だといえる。メス成虫の産卵場所と次世代の生存や発育との関係は、Preference-performance linkage（コラム参照）と呼ばれており、生態学における主要な研究テーマの一つになっている。

越冬世代の産卵場所に関しては、メス成虫が次世代にとって資源量の多い葉にゆりかごを形成していることから、Preference（成虫の好み）とperformance（幼虫にとって良い場所）がリンクしている、つまり、Preference-performance linkageが存在すると考えられる。練習としてデータをとった越冬世代のゆりかご形成場所選択で、メス成虫が入念に産卵場所を選んでいることが示唆されたため、夏に出現する第一世代でもデータをとってみることにした。

コラム　Preference-performance linkage

メス成虫（母親）の産卵場所選好性と、次世代の生存や発育とのリンク（つながり）のことで、わかりやすくいえば、母親が子どもに生存や発育にとって良い場所に産卵しているかどうか、ということである。母親が、子供にとって良い場所に産んでいれば、preferenceとperformanceの間にリンクがある、逆に悪い場所に産んでいれば、リンクがない、といえる。Thompson（1988）は、母親のpreferenceと次世代のperformanceの間には正の相関があると考えた（Preference-performance 仮説）。

とりわけ、卵からふ化したばかりの幼虫がほとんど移動しない種では、母親が産卵した場所がそのまま子どもの発育場所になるので、産卵場所の選択はきわめて重要であると考えられている。

この仮説を支持する研究も多数存在しているが、幼虫に移動性が見られる種では、母親が一見まったく見当違いの場所に産卵する例も知られている（Kumashiro *et al.*, 2016）。たとえば Nakajima and Fujisaki（2012）は、ナス科やヒルガオ科を摂食するホオズキカメムシ *Acanthocoris sordidus* の産卵場所を調査したところ、メス成虫が、しばしば寄主植物以外の植物に産卵すること、そして、寄主植物から離れた場所に産卵された場合、寄主にたどり着けない幼虫がいるため死亡率が上がることなどを明らかにした。この例では、preference-performance linkage が見られないという結論になってしまうが、その一方で、寄生蜂によるホオズキカメムシ卵への寄生率を調べて見ると、寄主でない植物上の方が低いこと、つまり、寄主でない植物上の方が、寄生蜂の攻撃から逃れられるという点では安全であることが明らかになった。この例のように、単に preference-performance linkage だけを見ていると適応的でないと思われるような事例でも、他の要因を考慮にいれることにより、その産卵場所の選択が実は適応的であるという可能性もある。

第一世代のゆりかご形成

すると、同じ立花山で調べたにもかかわらず、第一世代のメス成虫は、夏葉の中でなぜか小さい葉にゆりかごを形成していた（図２・６）。つまり、越冬世代の産卵場所選択とはまったく逆の結果が得られたのである。

小さい葉は、幼虫にとって食べる場所が少ないし、産卵場所として良い場所とは思えない。したがって、第一世代では、メス成虫のpreferenceと次世代のperformanceの間にリンクがないように思われる。なぜ、第一世代のメス成虫は、次世代にとって資源量が少ない小さい葉を選んだのだろうか？

展開し終わった夏葉の大きさを調べた結果、同じ株の中では枝上の葉の位置に関わらず、どれもほぼ同じ大きさであることが判明した。また、四年生のときの調査では、春葉よりも夏葉の方が展葉枚数が少ないこと、また、オトシブミの成虫は、産卵だけでなく自身の摂食のためにもエゴノキの葉を利用し、夏葉では、とくに成虫により多数穴を開けられた葉がめだつことから、第一世代のメス成虫は、産卵に利用可能な葉の数が限られているため、まだ完全に展開が終わっていない生長途中の葉を選んでゆりかごを形成したのではないだろうかと考察した。

その当時はタマバエの研究にも取り組んでいたのだが、オトシブミの方が卒論としてまとめやすいということで、そちらを卒業論文として取りまとめた。タマバエの話はもう少し待ってもらうとして、もう少しオトシブミの話を続けたい。

なぜ選好性が異なるのか？

一年間だけのデータでは心もとなかったため、修士課程に進学してからもエゴツルクビオトシブミの産卵場所選択に関して補足データをとり続けた。

修士課程では、エゴノキの葉の成長のようすと、エゴツルクビオトシブミのメス成虫がどのような時期の葉にゆりかごを形成するのかを調べた。その結果、葉が開き始めてから展開が終わるまで、春葉では約四週間、夏葉では三～四週間かかることがわかった。

エゴノキの枝に目印をつけて、葉が開いていくようすと、ゆりかごが形成される時期の関係を調べてみたところ、春にゆりかごを形成する越冬世代のメス成虫は、ちょうど春葉が開き終わった頃からゆりかごをつくり始めた。一方、第一世代のメス成虫は、夏葉がまだ完全に開いていない時期にゆりかごを形成した。

また、どちらの世代も、展葉が終わり、すこし古くなった葉にはゆりかごを形成しなかった。この理由ははっきりとはわからないが、新鮮でない葉は、幼虫の食料源として適していないのかもしれない。あるいは、葉が固くなりすぎて、メス成虫がうまくゆりかごをつくれないのかもしれない。

さらに、オトシブミの成虫が、どのような葉を食べるのかを調べた結果、やはり展開途中の葉や、開き終わったばかりの新鮮な葉しか食べないことが判明した。そして、春葉では成虫による摂食跡はほとんど見られなかったのに対して、夏葉では、多数の摂食跡が見られた。そしてメス成虫は、十パーセント以上摂食された葉にはゆりかごを形成しなかった。

ここまでをまとめると、オトシブミが利用可能な資源の量、つまりエゴノキの新鮮な葉の数や量は、春の方が多く夏は少ないことが判明し、春葉を利用する越冬世代の成虫は、春葉の中でもなるべく大きい葉に産卵しているのに対して、夏葉を利用する第一世代の成虫は、資源量が限られているため、葉の展開が終わるまで待っていると、他個体に摂食されたり、産卵されたりする可能性が高くなる。したがって、幼虫にとっては必ずしも良い場所ではないものの、やむを得ず展開途中の小さい葉にゆりかごを形成していると考えられる。

このように、同じ場所で、同じ植物と昆虫の組み合わせであっても、資源量の違いにより、世代により、一見するとPreference-performance linkageが見られたり、見られなかったりする、ということがわかった。以上が、私が卒業論文から修士課程にかけて取り組んでいたオトシブミの研究である（Tokuda *et al.*, 2001）。

モミの立ち枯れ被害が発生、虫こぶ形成者が犯人か？

修士課程に進学した一九九八年、長崎県の雲仙普賢岳の周辺でモミ *Abies firma*（マツ科）の立ち枯れ被害が発生したという情報が昆虫学教室によせられた。どうやら、虫こぶ形成者やゾウムシが絡んでいるらしいということで、湯川先生や、当時昆虫学教室でゾウムシの研究をされていた小島弘昭さん（現・東京農業大学）らと共に、現地を訪れた（図2・7）。

その結果、立ち枯れた株（図2・8）やその周辺で、モミハモグリアシブトゾウムシ *Parandaeus abietinus*（図2・9）、トドマツノタマバエ *Paradiplosis manii*、トドマツノキクイムシ *Polygraphus proximus*（図2・10）の三種が高密度で発生していることが判明した。このうち、モミハモグリアシブトゾウムシは、幼虫がモミの針葉の中にもぐって葉の組織を摂食する潜葉性（マイン形成性）であり（図2・11）、成虫もモミの針葉を摂食する（図2・12）（Tokuda *et al.*, 2000）。トドマツノタマバエは、モミの葉に虫こぶを形成（図2・13）し、トドマツノキクイムシはモミの幹の樹皮に穿孔し、内部を摂食する。

現地で確認したようすでは、立ち枯れた株には例外なくトドマツノキクイムシによる穿孔が認められ、生き残っている株の中では落葉が激しいモミにトドマツノキクイムシの穿孔が見られた（図2・14）。そこで、モミハモグリアシブトゾウムシやトドマツノタマバエの食害によりモミの早期落葉が発生し、落葉が激しい株に

図2·7
立ち枯れ被害が生じた
長崎県雲仙のモミ林.

図2·8
立ち枯れたモミ.

図2·10　モミハモグリアシブトゾウムシの成虫.

図2·9　トドマツノキクイムシの成虫.

図2・11　モミの針葉に形成されたモミハモグリアシブトゾウムシによるマイン（潜葉）.

図2・12　モミの針葉の基部に形成されたモミハモグリアシブトゾウムシ成虫による摂食跡.

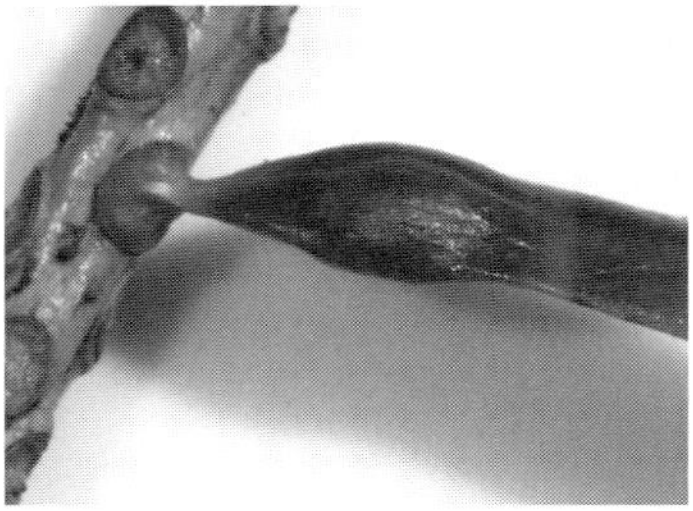

図2・13　モミの針葉に形成されたトドマツノタマバエによる虫こぶ.

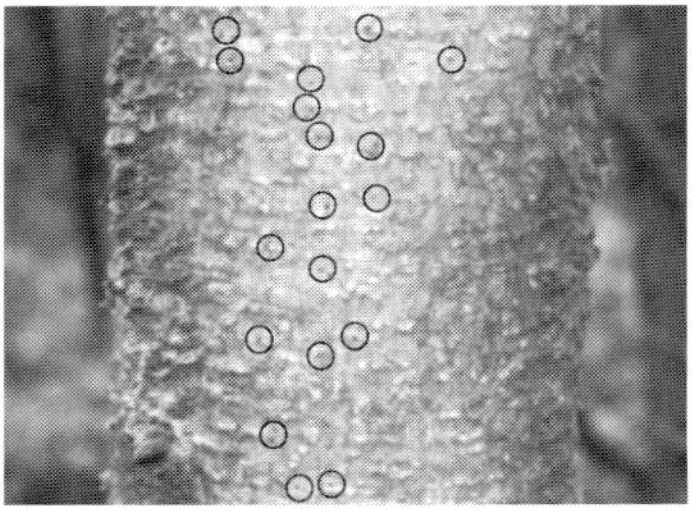

図2・14　モミの幹に形成されたトドマツノキクイムシによる穿孔（黒丸部分）.

トドマツノキクイムシが穿孔することにより立ち枯れが生じるのではないかと仮説を立てて、定期的に雲仙に通って調査してみることにした。

これらの昆虫の生態調査の結果、モミハモグリアシブトゾウムシは年一化性（一年に一世代）であり、当年に伸長したモミの新葉のみを摂食すること、幼虫が潜葉した葉や成虫が摂食した葉は早く落下すること（図2・15）、モミの枝に残った古い針葉の調査から、モミハモグリアシブトゾウムシは一九九五年〜一九九八年頃に高密度で発生したこと（図2・16）などが明らかになった。また、トドマツノタマバエによる虫こぶ形成も落葉に一部関与していることが明らかになった（Tokuda and Yukawa, 2003）が、落葉のおもな

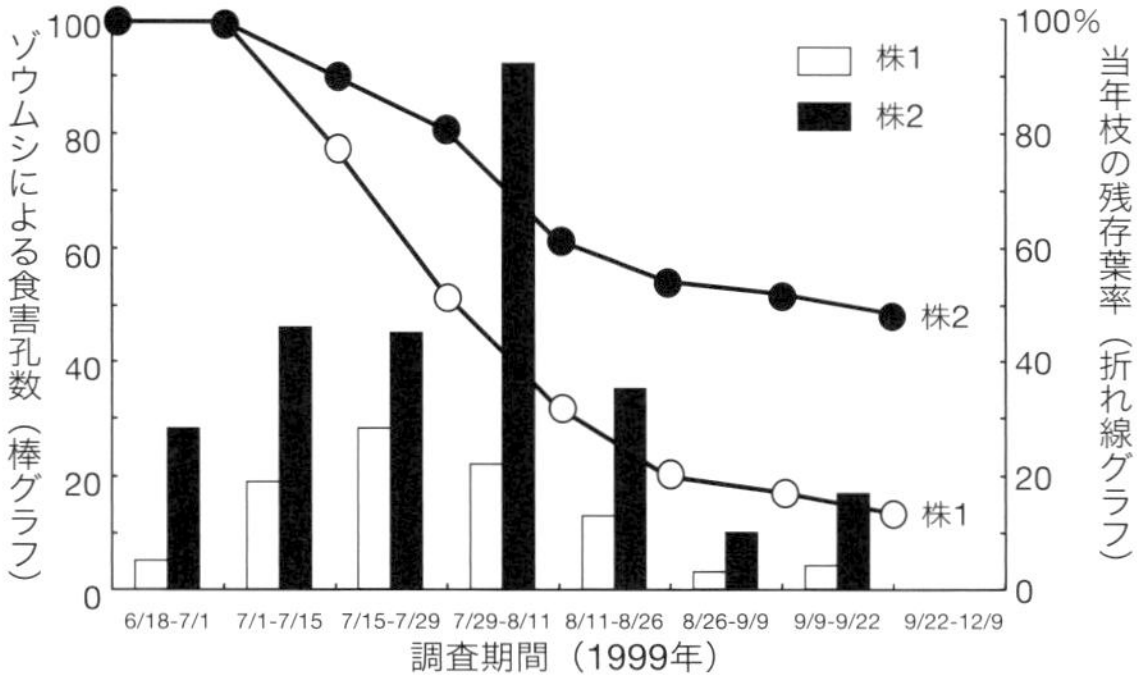

図2･15　モミハモグリアシブトゾウムシによる当年針葉の食害孔数とモミの当年枝における針葉の残存率の関係．ゾウムシの摂食が活発になるにつれて落葉がすすむ（Tokuda *et al*., 2008a を改変）．

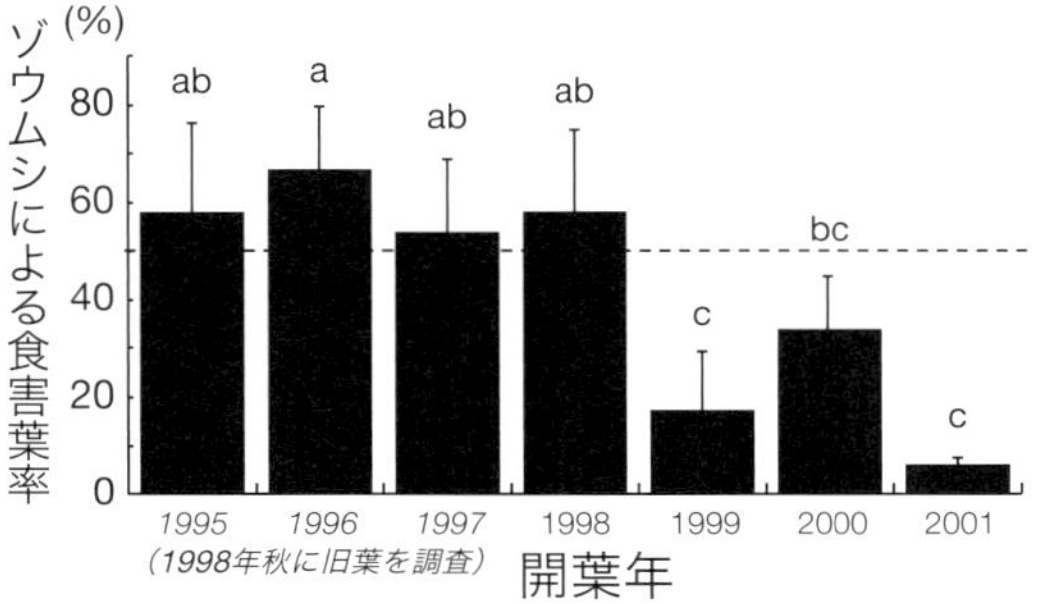

図2･16　モミハモグリアシブトゾウムシによる食害が見られた針葉の割合（異なるアルファベットの間で統計的に有意差あり；Tukey-Kramer test，$P<0.05$）．1995～1997年に伸長した針葉は1998年の秋に古い枝上のものを調査した（＊注：1994年以前の針葉は調査を始めた1999年時点ではほとんど残っておらず，調査ができなかった）．1998年以降に伸長した針葉は，各年の秋に調査した．モミハモグリアシブトゾウムシは当年に伸長した針葉しか摂食しないことから，各年次の針葉に見られる食害痕は，その年のモミハモグリアシブトゾウムシの発生密度をある程度反映していると考えられた．つまり，モミハモグリアシブトゾウムシの密度は1995年から1998年にかけて高く，1999年以降低下したと推察される（Tokuda *et al*., 2008a を改変）．

図2・17　トドマツノキクイムシによる穿孔から湧出するヤニ（矢印）.

原因はモミハモグリアシブトゾウムシによる食害であった。

さらに、落葉の状態とトドマツノキクイムシの穿孔との関係を調査した結果、落葉が著しく激しい株ではトドマツノキクイムシが幹に穿孔してもヤニが出ず、樹皮下でトドマツノキクイムシが生存しているのに対して、落葉がそれほど激しくない株では穿孔部分から白いヤニが湧出し、トドマツノキクイムシがとり殺されている場面が確認された（図2・17）。

一連の調査の結果から、モミハモグリアシブトゾウムシとトドマツノキクイムシの複合被害によるモミ立ち枯れのメカニズムを解明した。モミの枯死株は一九九八年から一九九九年にかけて増加した（図2・18）ものの、それ以降はモミハモグリアシブトゾウムシの密度が下がり、早期落葉が生じなくなったために、トドマツノキクイムシによる攻撃がモミのヤニにより撃退されるようになり、立ち枯れの被害は収束した（図2・19、20）。こうして、雲仙の「樅ノ木は残った」（コラム参照）のである（図2・21）（Tokuda *et al.*, 2008a）。

モミの立ち枯れに関する研究は、修士課程進学後から博士課程の途中、二〇〇一年頃まで続けた。修士論文は、四年生から続け

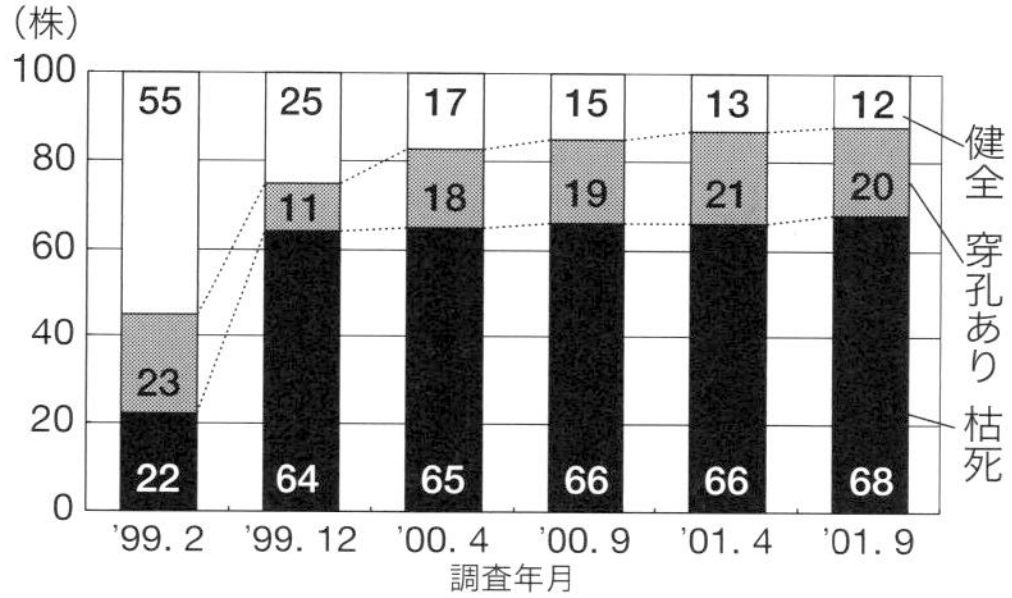

図2・18　1999年に番号をつけた100株のモミにおけるその後の推移．1999年２月時点では，立ち枯れ（枯死）していた株が22株，トドマツノキクイムシによる穿孔は見られたが生存していた株23株，健全な株55株であったが，1999年12月までに枯死株数が64まで増加した．2000年以降は枯死する株がほとんど見られなかった（Tokuda *et al.*, 2008a を改変）．

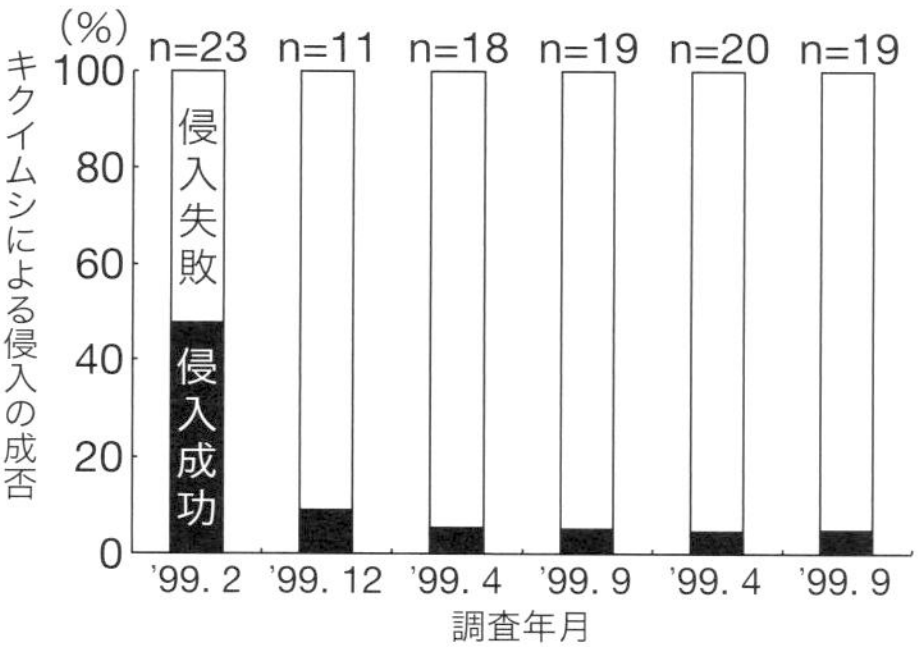

図2・19　トドマツノキクイムシに穿孔が見られたモミにおけるキクイムシ侵入の成否の推移．1999年２月時点では穿孔が見られた株の約半数で侵入できていたのに対し，1999年12月以降はほとんどが侵入に失敗していた．

ていたタマバエの研究で書くことも，モミの立ち枯れについての研究で書くことも，あるいはエゴツルクビオトシブミの追加調査の内容で書くこともできたのだが，私自身，修士論文の中身というものに関してはまったくこだわりがなく，きょくたんな話，単位さえとれればよいと思っていて，修論にかける労力は最小限にして，その分，学術論文の執筆に労力を割きたかったため，もっとも省力的な

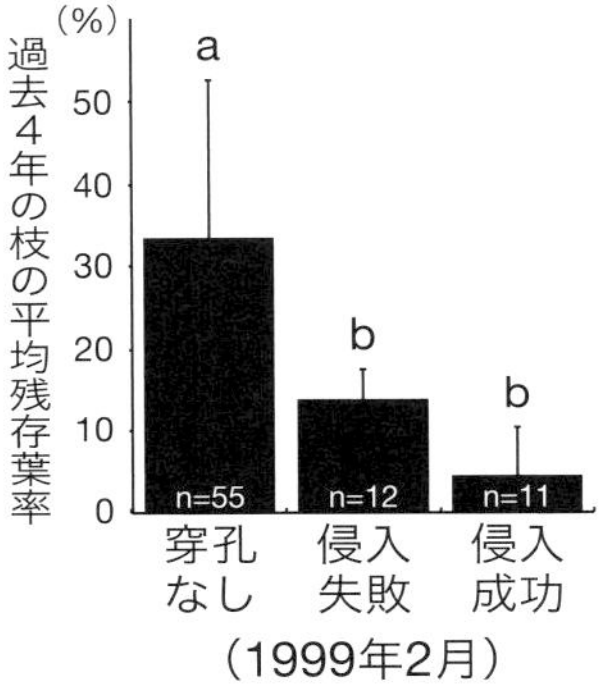

図2・20　トドマツノキクイムシによるモミへの穿孔の有無および侵入の成否とモミの針葉の残存率の関係(異なるアルファベット間で有意差あり；Tukey-Kramer test, $P<0.05$). トドマツノキクイムシは，落葉が激しい株に穿孔して侵入を試み，中でも残存率が低い株で侵入が成功する傾向が認められた(Tokuda *et al*., 2008a を改変).

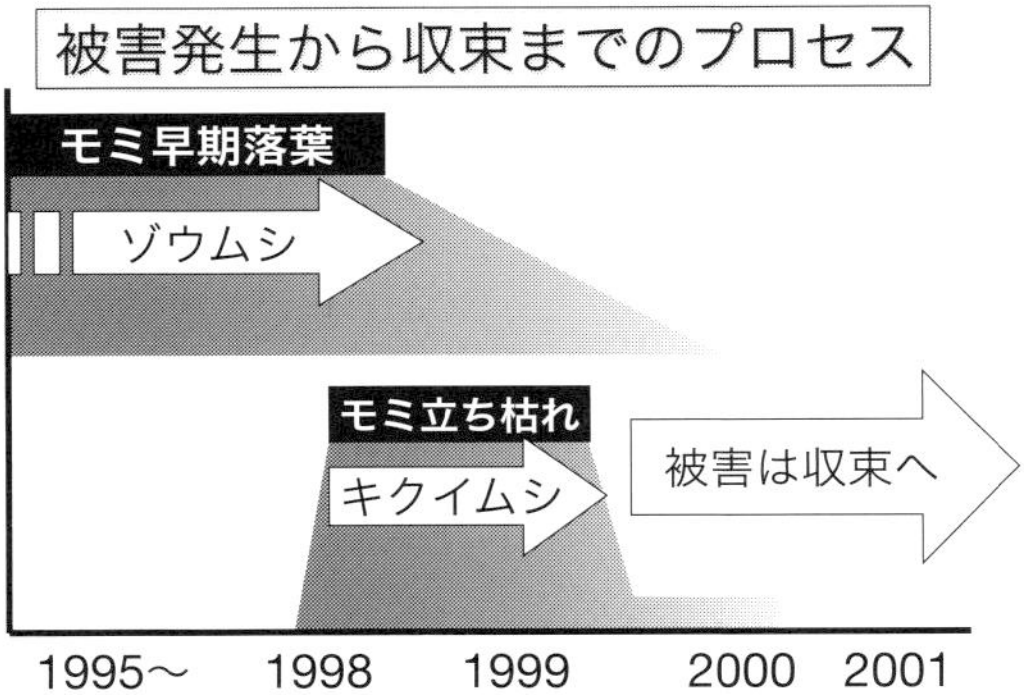

図2・21　一連の調査から推定された長崎県雲仙におけるモミの立ち枯れ被害発生から収束までのプロセス．モミハモグリアシブトゾウムシの多発生は少なくとも1995年頃から1998年にかけて続き，数年にわたる激しい早期落葉が続いた株では1998年頃からトドマツノキクイムシの侵入が成功するようになり，立ち枯れた．その後，1999年頃からモミハモグリアシブトゾウムシの発生密度が低下し，おそらく早期落葉が生じなくなったことによりモミの樹勢が回復してトドマツノキクイムシによる侵入を撃退できるようになり，被害が収束したものと判断された(Tokuda *et al*., 2008a を改変).

方法として、オトシブミの研究を修士論文にした。

コラム　仙台での昆虫学会大会と学会発表

『樅ノ木は残った』は、江戸時代の前期に仙台藩伊達家で起こったお家騒動（いわゆる伊達騒動）を描いた山本周五郎による歴史小説であり、伊達家の重臣で、従来は奸臣とみなされて歌舞伎などでも悪役として登場していた原田甲斐を主人公として、じつは原田はみずからが汚名を被ることにより伊達家を救った忠臣であった、という視点で書かれた小説である。一九七〇年にはＮＨＫ大河ドラマも制作された。ちょうど私が雲仙でモミの立ち枯れを研究していた二〇〇一年に、東北大学（仙台市）で日本昆虫学会大会が開催された。仙台でモミに関する講演ができるということで、せっかくなのでこの山本周五郎さんの小説にちなみ、「樅ノ木は残った、か？—雲仙におけるモミの立ち枯れ被害、これまでのまとめ—」という演題で講演させてもらった。あまり奇をてらった演題でばかり発表するのもどうかと思うが、なるべく多くの方に自分の研究に興味をもってもらうため、ときには他者の目を引くような、遊び心に富んだ演題をつけるのもよいのではないかと個人的には考えている。

シロダモタマバエの空間分布の謎

博士課程に進学した二〇〇〇年の春、研究室のメンバーらとともに、高所作業車（よく電柱や電線の修理な

図2・22
高所作業車を用いた樹冠部の昆虫調査のようす.

図2・23
シロダモタマバエによりシロダモの葉に形成された虫こぶ（シロダモハコブフシ）.

どで使われているゴンドラ付きの車。クレーンは高さ十二メートルまで伸びる）で昆虫採集をすることになった（図2・22）。当時、熱帯雨林の樹冠部の生物多様性が話題になっていたが、気軽に熱帯に行くこともできないので、近くの森の樹冠部を調査することになった。高所作業車運転者の資格をもっていた技官の山口大輔さんに操作してもらい、私はさまざまなタマバエが虫こぶを形成するクスノキ科植物の樹冠部の枝を、ゴンドラから高枝切り鋏を伸ばして採取した。

するると、シロダモ *Neolitsea sericea* という植物の葉に、シロダモタマバエ *Pseudasphondylia neolitseae* による虫こぶが大量に付いていた（図2・23）。私はこれにひどく驚いた。なぜなら、このタマバエの虫こぶは、大木の下枝や林内の幼木など、日陰におもに形成されることが過去の鹿児島県での調査で明らかになっていたからだ。さらに、日向に形成された虫こぶでは、タマバエの死亡率が上がることも知られていた。しかし、二〇〇〇年に福岡で調査した際には、ほとんどの虫こぶは日が当たる樹冠部に形成されていて、日陰の枝にはほとんど見られなかった。いったい、これはどういうことなのだろうか。なぜ、日陰に形成されるはずのシロダモタマバエの虫こぶが、日向に形成されているのだろうか?

九州におけるシロダモタマバエの空間分布

まず、鹿児島では現在も下枝に多くの虫こぶが形成されるのか、そして、九州の各地で虫こぶの形成場所がどうなっているのかを調べることにした。その結果、鹿児島や宮崎などの九州南部では、シロダモタマバエの虫こぶは下枝の方に多く、樹冠部にはほとんど形成されていないのに対して、福岡や長崎などの九州北部では、樹冠部の方に多くの虫こぶが形成されていることが判明した（図2・24）。そして、九州中部の熊本では、樹冠部と下枝と、ほぼ同数の虫こぶが形成されていた。つまり、九州南部から北部にかけて、虫こぶの形成場所に地理的な勾配が見られることが明らかになった（徳田・湯川、二〇一〇）。

一般に、虫こぶ形成性のタマバエの成虫は短命で、一〜数日で死亡する。また、特定の成長段階の植物部位に産卵しなければ、虫こぶを形成することができない。したがって、虫こぶ形成性のタマバエにとっては、寄

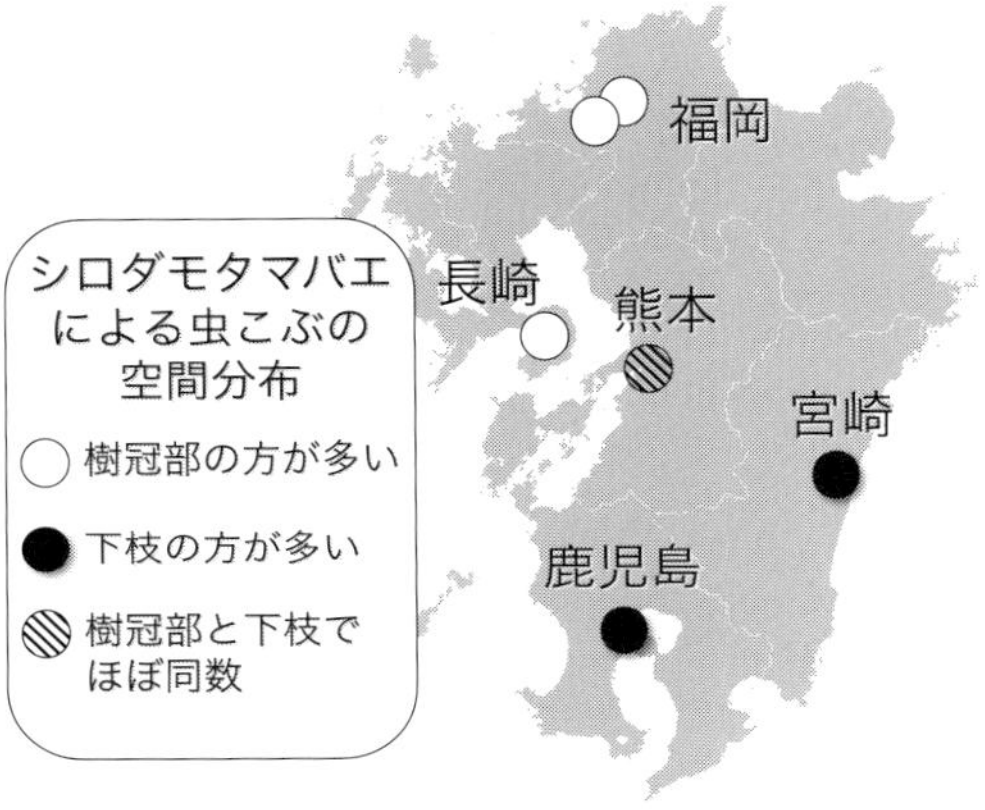

図2・24　九州におけるシロダモタマバエの虫こぶの空間分布（徳田・湯川，2010を改変）．

主植物のフェノロジー（生物季節）と、産卵時期をうまく合わせる必要がある。シロダモタマバエの場合も、成虫寿命はわずか一日であり、長さが二十二～三十八ミリメートルの芽吹きかけの新芽の中に産卵することが明らかになっている（Yukawa *et al.*, 1976）。そして、ふ化した幼虫はその場で虫こぶを形成し、翌春に成虫になるまでその虫こぶの中ですごす（一部の幼虫は休眠して、二年かけて成虫になる場合もある）。したがって、虫こぶ形成場所は成虫の産卵場所であり、九州南部ではメス成虫が下枝に産卵し、九州北部では樹冠部に産卵したということになる。

なぜ産卵場所が異なるのか？

私は、シロダモタマバエの羽化時期とシロダモの芽吹きの時期が、九州の北部と南部でズレているのではないかと考え、調査をしてみることにした。

二〇〇一年の春、定期的にシロダモの新芽の成長具合やシロダモタマバエの羽化の状況を調査しながら、虫こぶを観察した。

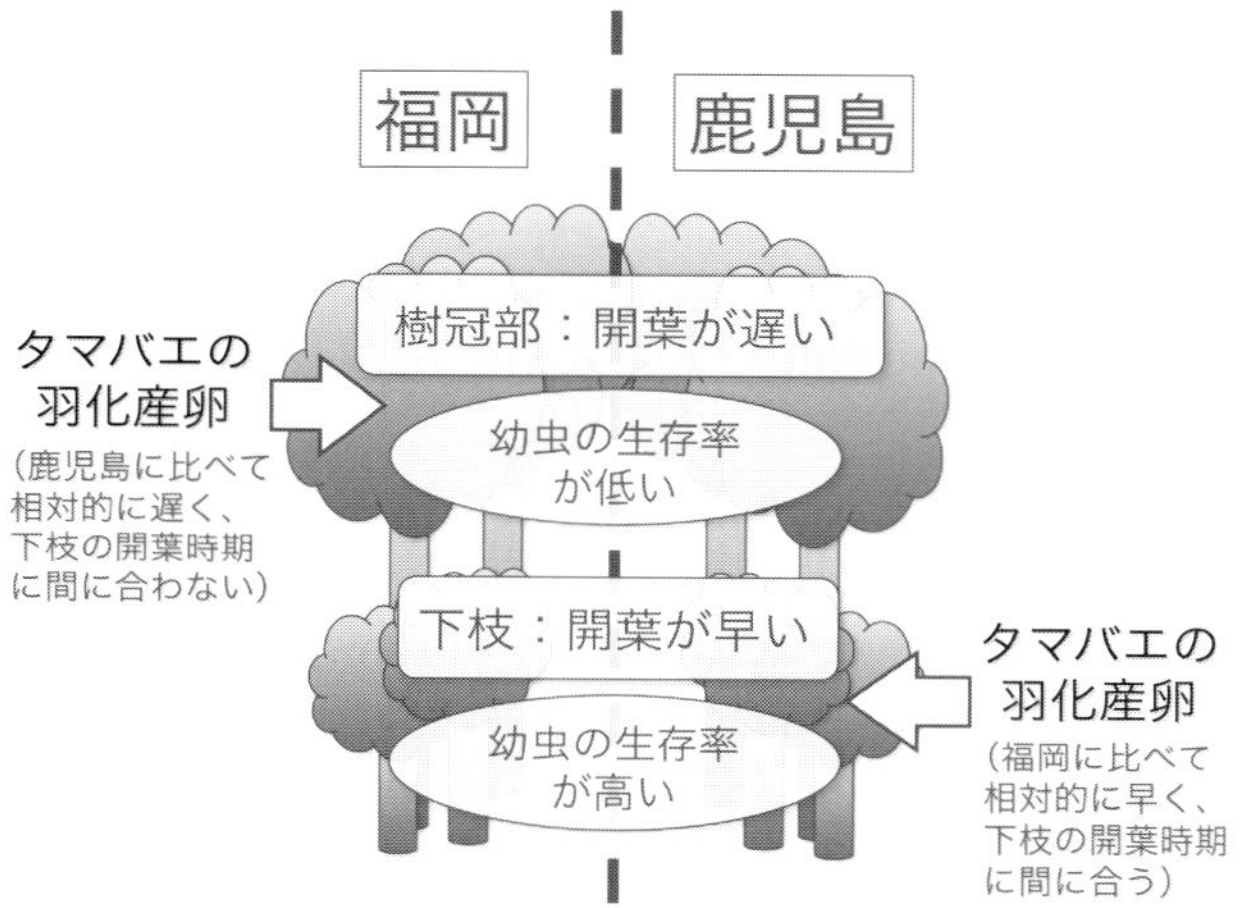

図2・25　福岡と鹿児島におけるシロダモの開葉時期とシロダモタマバエの羽化・産卵時期の比較（徳田・湯川, 2010を改変）.

その結果、シロダモの開葉は下枝の方が樹冠部よりも早いこと、鹿児島ではタマバエの羽化時期に、下枝に産卵可能な新芽が多数残っているのに対して、福岡ではシロダモタマバエの羽化が相対的に遅く、羽化時期には下枝の芽はほとんど開いてしまっており、産卵可能な場所が樹冠部にしかほとんど残っていないことなどが判明した（徳田・湯川、二〇一〇）。

また、福岡におけるタマバエの生存率を下枝と樹冠部で比較したところ、過去の鹿児島での調査と同様に、下枝の方が幼虫期の生存率が高いことも明らかになった。

つまり、シロダモタマバエにとっては、福岡でも鹿児島でも下枝の方が樹冠部よりも生存に適した場所であり、鹿児島では成虫の羽化時期に、下枝に産卵可能な場所が多数あるのに対して、福岡では下枝の開葉がタマバエの羽化よりも早いため、樹冠部に産卵せざるをえない状態であると考えられた（図２・25）。

これらの結果は、シロダモとシロダモタマバエという同じ昆虫と植物の組み合わせであっても、相対的な出現時期の早晩には地理的な変異がみられることを示している。過去に鹿児島で実施された調査では、両者の時期は、年次によってもズレることが知られているため、植物と昆虫の出現時期は、時間的にも空間的にも変異が大きいといえる（徳田・湯川、二〇一〇）。

近年、地球温暖化によりさまざまな昆虫の発生が早まったり、分布域が北上したりといった影響が報告されている。昆虫が、これまで分布していなかった北の地域に定着できる要因として、暖冬化による冬期の生存率の上昇などが指摘されている。これにくわえて、タマバエのような短命の昆虫では、寄主植物との相対的な出現時期の違いが分布北限を定めている可能性もある。気候変動に伴い、タマバエと寄主植物の同時性がどのように変化するか、今後も注目していきたい。

コラム　調査の際の服装

私は現在、教員として大学に勤めている（第8章参照）が、よほど大事な会議のときをのぞき、スーツを着ることはないし、ましてネクタイをする機会もほとんどない。通常は、襟付きの長袖シャツと長ズボン（ジーンズ）ですごしている。これはそのまま、野外調査に行くときの服装である。つまり、いつでも思い立ったときに調査に赴けるようにしているし、逆に言えば調査には普段着で行く（図）。

真夏でも、終日予定が埋まっていて、野外調査に行く可能性がない日をのぞき、半袖シャツを着ることはほとんどない。暑いときには、袖を肘より上までまくり上げて対応するし、寒いときは長袖シャツの上にチョッキや薄手のセ

図　調査のときの服装（提供：白濱祥平氏）．右側が筆者．

ーターを着る。

野外調査では、草木をかき分けて進んだり、山や岩を登ったりすることもあるので、肌を露出しているとケガをする危険性が高くなる。また、カやダニなどに刺される場合もある。そこで、なるべく肌が露出しないように心がけている。

靴下は通常の市販のもの（短い物はダニ対策上好ましくないので履かない）、靴はたいてい、茶色系のゴム底のシューズである。これは、簡単な野外調査ならそのまま行くことができるし、急な会議などでスーツを着る必要がある場合にも対処可能である。

これに加え、調査の際には長靴と登山用の透湿性があるレインウェアを持参するか着ていく。長靴は基本的に万能で、雨の日のみならず草むらや湿地など、どこに行くときにも便利である。レインウェアは、急な雨の際にはもちろん有用であるし、透湿性があるものであれば、ウインドブレーカーの代わりにふだん使いも可能である。

また、調査の際はもちろん、自宅と職場との往復や出張の際にも、つねに調査道具（コラム「虫こぶ調査の道具」を参照）を入れたリュックを持ち歩いている。登山用の二十リットルのものが丈夫でサイズも手頃であり、ポケットが多くあっていろいろな物が入れられるのでひじょうに便利である。

コラム　虫こぶの調査の道具その一　ビニール袋と筆記用具、ビニルテープ

ふだんから調査・日常兼用のリュックに必ず入っているものの中で、とくに使用頻度が高いのは、虫こぶなどを採集した際に入れるためのビニール袋、油性マジック、油性ボールペン、野帳、ビニルテープである（図）。

ビニル袋は、透明のポリエチレン製で、厚さ〇・〇三ミリメートル、一四号サイズ（＝幅二八×長さ四一センチメートル）を愛用している。ジップロック付きの袋は便利な場合もあるが、通常の袋でも口を結べば気密性は十分であるし、口がジップロックになっていると、袋内の空気の出し入れなどの際に融通が利かないため、私は野外ではほとんど使用しない。ビニル袋の厚さは、薄過ぎると採取した枝などを入れた際に破れてしまうし、厚過ぎるとやはり融通が利きにくくなるため、〇・〇三ミリメートルくらいがちょうどよい。また、サイズも大き過ぎるとかさばるし、小さすぎると当然大きい物が入らなくなるため、私には一四号がもっとも使いやすい。結ぶ位置を変えることにより中の容量を小さくすることもできるし、移動の際に荷物に詰め込む場合や葉の乾燥を防ぎた

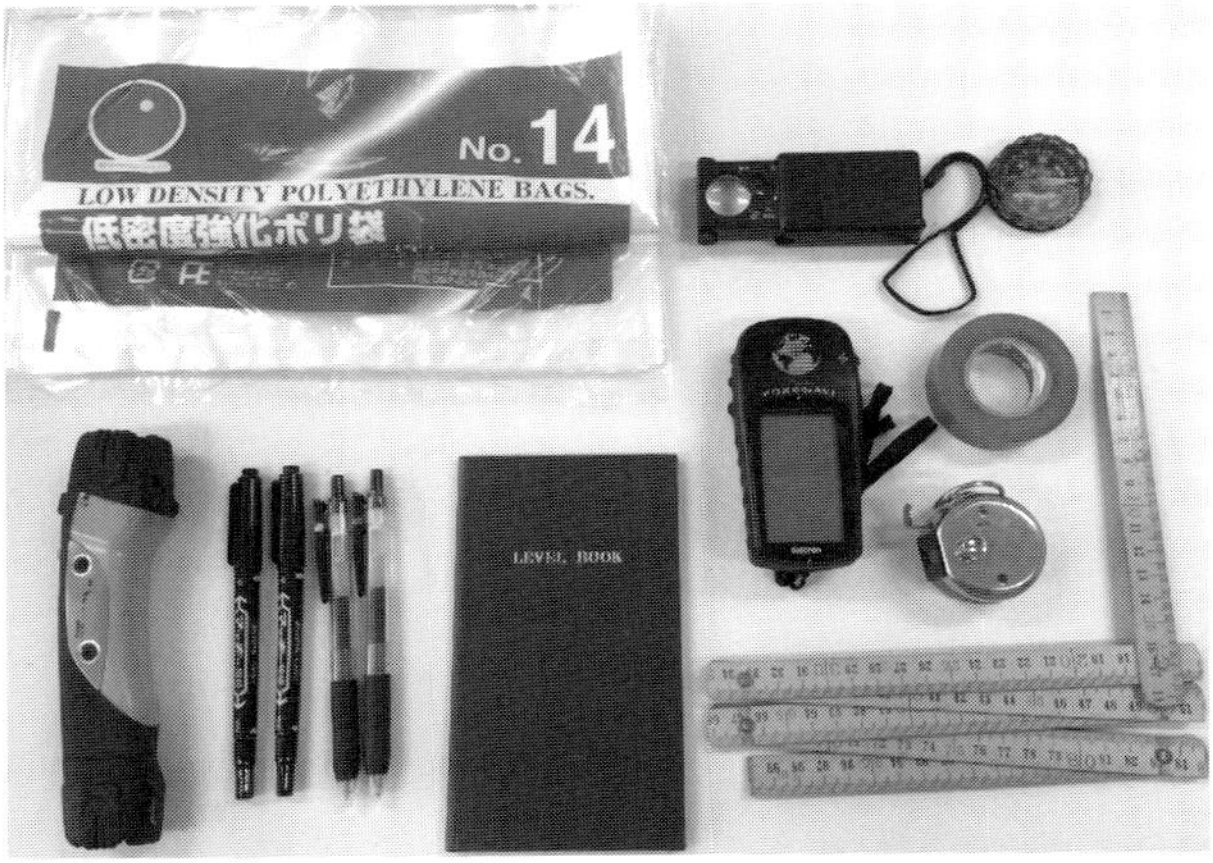

図　ふだんからリュックサックに入っているおもな調査道具.

い場合などは、空気を抜き気味にしてかさばらないように、また中に入れた虫こぶや昆虫がつぶれないようにしたいときや湿度を低めにしたいときには空気を多めに入れて口を結ぶこともできる。

油性マジックはビニル袋やビニルテープに文字を書く際に使用する。ボールペンは、野帳に書き込む際に使用する。マジックもボールペンも、常時二本以上はリュックに入れている。

野帳はコクヨのレベルブックをずっと使っている。防水の製品を使ったこともあるが、現在は使っていない。防水の野帳は、通常のものに比べると価格が二倍ほどするうえ、ふだんの書き心地がどうしても劣る。また、暴風雨の中で調査をしなければならないことは稀で、たいていは傘をさしたり、車の中で書いたりすれば防水でなくとも事足りる。

ビニルテープは定期調査の際に、調査枝に一時的にラベルを付けたりする際や、山道等で、帰り道を見失わないようにする際などに使用する。濃い色のテープは、どこにテープを付けたか探しにくいし、マジックで書いた文字が読みにくいので不適である。水色のものは森の中ではよくめだつし、字も読みやすいためもっとも好んで使用する。あるいは、白色や黄色のテープでもかまわない。

コラム　虫こぶの調査の道具その二　その他の必携品

その一で述べたものの他にリュックに入れている調査道具は、折りたたみ式定規（のばすと一メートルになる）、カウンター、ルーペ、折りたたみ傘、二十リットル用のパックカバー（リュック用の防水カバー）、小型のＬＥＤライト（単３電池使用）、携帯用ＧＰＳ（ガーミンのポケナビmini）、単３電池（ライトとＧＰＳ兼用）、方位磁石である（コラム「虫こぶの調査道具その一」の図参照）。あとは調査内容によって、双眼鏡を持参する場合もある。

折りたたみ式定規は、芽などの長さを測る場合はもちろん、現地でコドラート（方形区画）をとって調査をする場合などにも使える。また、写真を撮る際（にも、九十度に折り曲げた形で対象物といっしょに映し込むと、あとでサイズを確認する際に便利である。なお、本来はきちんとしたカメラを持参すべきであり、以前は一眼レフのデジカメも調査に携帯していたが、専用の電池などを含めると重いしかさばるので、最近は学生といっしょに行く日帰りの調査の場合、きちんとした写真はカメラ好きな学生に任せ、私はスマホのカメラで代用させてもらっている。

カウンターは現地で虫こぶの数や調査した葉の枚数を数える際に使用する。ルーペは現地で虫こぶを割ってみた際などに使用する。折りたたみ傘とパックカバーは雨対策用、小型のLEDライト（単3電池使用）は暗くなったときのため、携帯用GPS（ガーミンのポケナビmini）はスマホの電波が届かない場所でも緯度経度が測定できて便利であるし、迷った場合にも有用であろうと思っている（幸い、迷って帰れなくなったことはないが）。方位磁石も迷ったときのためのお守りのようなもので、通常の調査ではまず使うことはないがそんなにかさばらないので常に入れっぱなしにしている。双眼鏡は、高木で虫こぶの有無や密度を調査する際などに使用する。

なお、リュックの中には剪定鋏やピンセットなどは入れないことにしている。調査や出張で飛行機に搭乗する機会が頻繁にあり、手荷物検査で引っかかってしまうためだ。本当はある方がもちろん便利なのだが、いちいちリュックに入れたり出したりするのがめんどうなのと、剪定鋏がなくとも切れないような太い枝はまず採取しないし（だいたい、手でも折れる）、ビニルテープも手で簡単に切れるし、どうしてもピンセットがないと取り出せないような場合には、必ずしもその場で確認しなくとも、研究室に戻って落ち着いて顕微鏡の下で作業すればまず事足りる。

くわえて、車で調査に行く場合には、状況によって高枝切り鋏（三メートルほどに延ばせるもの）、ビニル傘も持参する。高枝切り鋏はその名のとおり、上の方の枝を採取したいときに有用である。ビニル傘は市販で安価な透明のもので、雨のときのデータとりや、少し高めの枝を傘の柄で引っ掛けて降ろす際などに便利である。

長期にわたる遠方での調査の場合には、現地での虫こぶの解剖などのため、追加の物品を持参する必要がある。リユックとは別のスーツケース等に、携帯型の実体顕微鏡、ピンセットやメスなどの解剖道具、虫こぶの大きさを測定するためのデジタルノギス、サンプル保存用のスクリュー管や一・五ミリリットルのマイクロチューブ、セロテープ、ラベルなどである。

コラム　虫こぶの飼育と解剖

採集した虫こぶは、新鮮なうちに写真を撮影したのち、ノギスなどを用いてサイズを測定する。測定する場所は、虫こぶの形状により異なり、球形に近い形状であれば直径、円錐形のものであれば高さと基部の直径などを測る。そして、実体顕微鏡の下でピンセットやメスを用いて解剖し、内部の生息者を確認する。そして、幼虫の齢などを確認する。場合によっては、虫こぶ形成者の天敵である捕食寄生蜂の幼虫などが確認される場合もある（湯川・松岡、一九九二などを参照）。幼虫は、形態比較をする場合には七十五パーセント程度のエタノール液浸標本として、DNA解析をする場合には九十九・五パーセントのエタノール液浸標本として保存する。

タマバエの場合、終齢幼虫が含まれていれば、一部の虫こぶは解剖せずに残しておき、飼育することにより蛹や成虫を得られる場合もある。タマバエの種によって、成熟幼虫が虫こぶから脱出してくる場合もあれば、虫こぶの中で蛹になり成虫が羽化してくる場合がある。前者の場合、虫こぶからビニル袋内に脱出してきた幼虫をピートモスなど、他の昆虫類が含まれていない土に移してやり、湿度等を適切に保って飼育すれば、成虫が羽化する可能性がある（詳しくは湯川・桝田、一九九六を参照）。後者の場合、虫こぶに残っている蛹の抜け殻と羽化したタマバエ成虫を七十五パーセント程度のエタノール液浸標本（DNA解析に用いる場合には、九十九・五パーセント）として保存する。

虫こぶ形成昆虫の魅力

ここでは虫こぶ形成昆虫について、私がとくに興味深いと思っていることをいくつか紹介したい。

まず何よりも、虫こぶ形成昆虫の魅力といえば、彼らがつくる虫こぶの形がおもしろい、という点である。前述のように、虫こぶは昆虫が植物をたくみに操作して形成したものである。口絵写真やこの本の随所でもさまざまな虫こぶを紹介しているが、いったい、昆虫はいかにして精妙な構造の虫こぶを形成しているのか、昆虫と植物の共進化を考えるうえでもとても興味深い（第6章「植物をたくみに操る」および第7章「フタテンチビヨコバイ、ふたたび」など参照）。

とりわけ、昆虫がいかにして虫こぶを形成する能力を獲得したのかという点は興味深い。後述のように、虫こぶ形成には昆虫から植物へと注入される植物ホルモンが重要な役割を果たしている（第6章「昆虫自身が植物ホルモンを合成する」など参照）。それでは、昆虫はいかにして植物ホルモンを合成できるようになったのだろうか？　これまでの断片的な情報から、虫こぶ形成昆虫だけでなく、植物を食べる昆虫も、また、なぜか植物を食べない昆虫も植物ホルモンを合成する酵素をもっているらしいことがわかってきている（Yamaguchi *et al.*, 2012）。その酵素は、これらの昆虫の体内で何かの役割を果たしているのだろうか？　いずれ、このあたりの詳細を明らかにする研究にぜひとりくみ、昆虫における植食性の進化や、虫こぶ形成性の進化との関連を明らかにしたいと考えている。

それと関連して、私が学部四年生の頃から研究対象としているタマバエの仲間は、多くが植食性で虫こぶ形成性であるが、原始的なグループには腐食性や菌食性のものも見られ、さらに、アブラムシなどの昆虫を捕食するものや、他の昆虫に内部寄生するものも知られている。これまでは虫こぶ形成性タマバエの分類学的研究に取り組んでいるが（第3章「難防除害虫ランツボミタマバエ」、第4章「台湾のタブウスフシタマバエ」「タイのロンガンタマバエ」など参照）、将来的にはタマバエの仲間の進化の過程で、こうした食性の変化がどのようにして生じたのかといった研究にも取り組んでみたい。

また、虫こぶを形成する昆虫は、一般に植物の細胞分裂がさかんな組織に虫こぶを形成するため、この章で紹介したシロダモタマバエの例のように、芽吹きの時期や、つぼみや実などの形成時期に合わせて虫こぶを形成する必要がある。昆虫がいかにして植物の利用可能な時期に生活史を合わせているのかという点もとても興味深い（第5章「一年のほとんどを寝て過ごすタマバエ」など参照）。

一般に、ある虫こぶ形成昆虫は特定の植物にしか虫こぶを形成しない。虫こぶ形成にはとても精妙な寄主植物の操作が要求されるため、別種の植物上では操作がうまくいかず、虫こぶが形成できない可能性もある。ところが、なかにはさまざまな植物に虫こぶを形成できる昆虫も存在する。いったい昆虫が利用できる植物（寄主植物）の範囲はどのようにして決まっているのだろうか、という点にも興味をもっている（第3章「ランツボミタマバエの寄主範囲は？」、第5章「季節ごとに植物を渡り歩くタマバエ」、第7章を参照）。

この他、虫こぶは、形成する昆虫にとってどのようなメリットがあるのか（第7章「虫こぶ形成の適応的意義」など参照）、生態系の中で虫こぶや虫こぶ形成昆虫はどのような役割を果たしているか（第7章「泥棒が住宅リフォーム？」、第9章「虫こぶで眠るヤマネ？」など参照）などなど、私にとって虫こぶ形成昆虫は、さまざまな切り口から研究ができるうえ、やりたいこと、興味の尽きることのないとても魅力的な研究対象である。

第3章
未知への挑戦

図3・1　ランツボミタマバエに加害されたランのつぼみ（提供：上地奈美博士）.

難防除害虫ランツボミタマバエ

私が大学院に在籍している頃、湯川先生の元には全国各地からタマバエや虫こぶの同定依頼が舞い込んできた。その中には、農作物を加害する深刻な害虫も含まれていた。たとえばランツボミタマバエは、沖縄県で施設栽培ランのつぼみを加害する害虫で、私がタマバエの研究に取り組み始めた頃には、*Contarinia* 属の一種ということはわかっていたが、種の同定まではされておらず、当時の沖縄県のラン栽培では、もっとも防除が困難な害虫として知られていた（図3・1）。

このタマバエは、一九八九年に沖縄県名護市のデンファレというラン品種を栽培している施設で初めて確認され、一九九三年までに沖縄本島の北中城村や大里村（現・南城市）にも広がった。当時、このタマバエによる被害のせいで、少なくとも五軒の農家がラン栽培を断念するという深刻な状況であった。

私はこのタマバエの形態を詳細に観察し、種の同定を試みることにした。*Contarinia* 属は既知種三百種以上を含む大きな属であるうえ、種間で形態的な差異に乏しいため、種の同定はひじょうに難しい。しかし、ランツボミタマバエは成虫の触角の形状や翅の斑紋、幼虫の腹部末端部の構造が特徴的で、それらから判断した結果、東南アジア原産の *Contarinia maculipennis* という種ではないかという結論に至った（Tokuda *et al.*, 2002a）。*C. maculipennis* は、ハワイでハイビスカスのつぼみを加害するタマバエの標本に基づいて新種として報告されたタマバエであるが（口絵1）、このタマバエはハワイにもともといたものではなく、東南アジアから侵入した種とされている（湯川ら、二〇〇四）。

ランツボミタマバエの寄主範囲は？

通常、虫こぶを形成するタマバエが利用できる植物の範囲は狭く、一種あるいは一つの属内の近縁な数種の植物種のみに虫こぶを形成する単食性や狭食性である（Yukawa *et al.*, 2005）。しかしながら、ランツボミタマバエは、ハイビスカスやランの他、ニガウリやトマト、ナス、ジャスミンなど、七つの科にわたる植物を加害することが知られている（湯川ら、二〇〇四）。もし本当にニガウリなどの農作物も加害するなら、沖縄県の農業にとってより深刻な害虫である可能性もある。そこで、形態比較とＤＮＡ解析により、ランツボミタマバエの加害植物の範囲を早急に明らかにすることにした。

アメリカ農務省の研究者に協力してもらい、ハワイで加害の記録のある七つの科の植物からランツボミタマバエを採集しようということになったのだが、ちょうど当時、私は学位論文の追い込み作業に突入する時期で、現地調査は、泣くなく湯川先生や沖縄県出身の大学院生、上地奈美さん（現・農研機構 果樹研究所）らにや

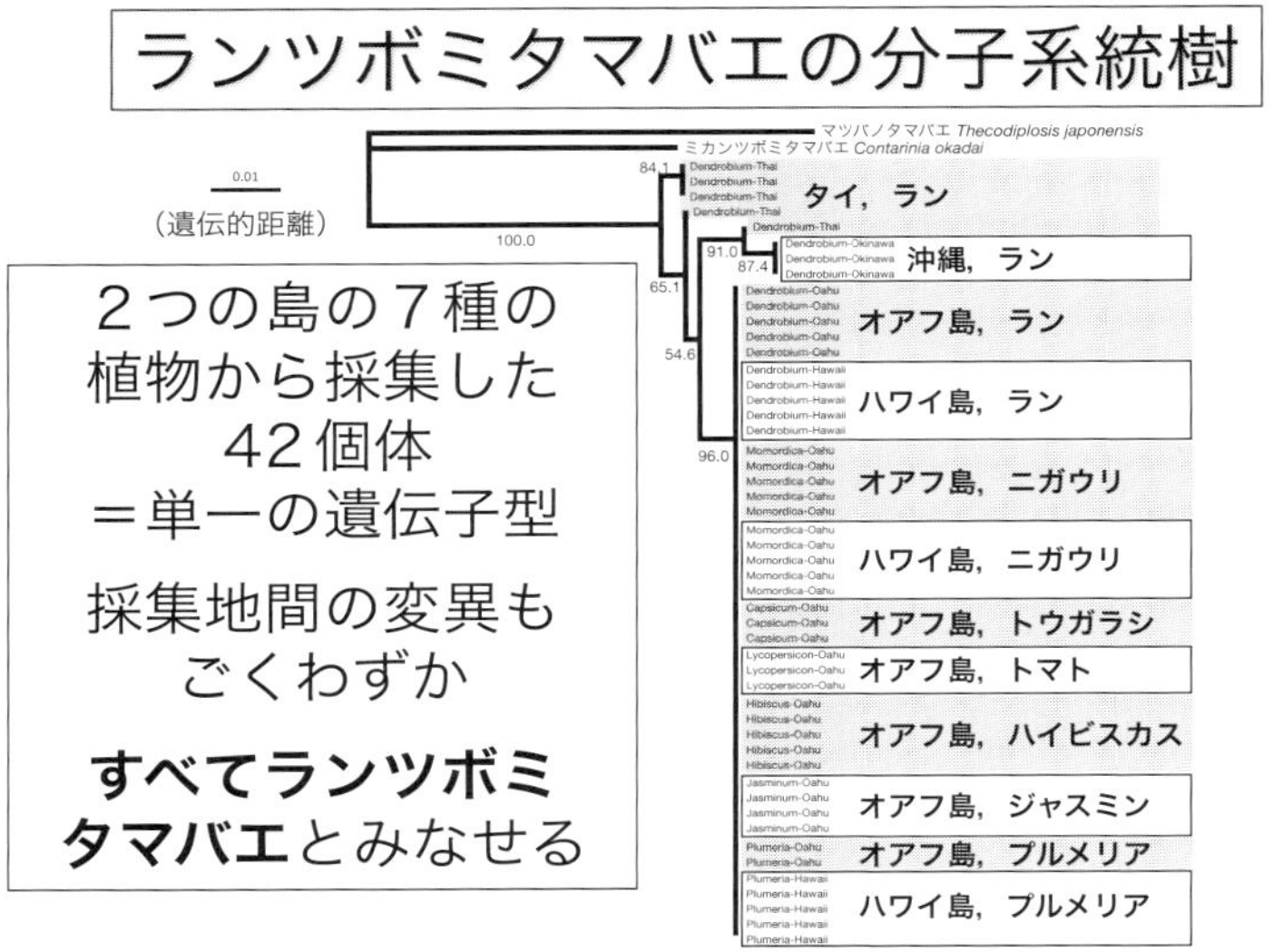

図3･2　ミトコンドリアDNA COI領域の部分塩基配列に基づき近隣結合法により描かれたランツボミタマバエの分子系統樹．系統樹の枝分かれ部分の数値はブートストラップ値で，この値が高いほど，その枝よりも末端側に含まれる個体が１つのグループである可能性が高いことを示している．左右方向の線の長さはそれぞれの個体間の遺伝的距離を表しており，オアフ島とハワイ島で７種の植物から採集されたランツボミタマバエは縦一直線に並んでいるため，遺伝的な変異がまったく見られないことがわかる（Uechi *et al.*, 2003を改変）．

ってもらうことになった。

ハワイでさまざまな植物から採集されたランツボミタマバエや、タイから輸入されたランの切り花から成田空港の植物検疫で見つかったランツボミタマバエ、そして、沖縄県のデンファレから採集されたタマバエのDNAを抽出し、ミトコンドリアDNAのCOI領域の塩基配列を比較した結果、遺伝的な変異はほとんど見られなかった（図3・2）。また、幼虫や成虫形態にも違いが見られなかったことから、これらは同一種のタマバエであることが改めて確かめられた（Uechi *et al.*, 2003）。

その後、ランツボミタマバエの研究は上地奈美さんが中心となって取り組み、実際に沖縄県のニガウリの雄花からランツボミタマバエが発見され、

図3・3　バラハオレタマバエにより加害されたバラの小葉.

その他のさまざまな植物からも本種が確認された（Uechi *et al.*, 2011）。

バラハオレタマバエ

時は前後するが、一九九八年に、山口県の農業試験場の方から、施設栽培バラの小葉をとじる形状の虫こぶを形成するタマバエの同定依頼が寄せられ、同じ年に福岡県のバラ栽培施設で調査をした結果、同様の虫こぶとタマバエが確認された（図3・3）。

バラの葉にハオレ（葉折れ）状の虫こぶを形成することから、仮にバラハオレタマバエという和名で呼ぶことにした（口絵2）。これまで、日本の野生のバラ属植物では、ノイバラ *Rosa multiflora* とハマナス *Rosa rugosa* に同様の形状の虫こぶが形成されることが知られていた。

今回、山口や福岡で確認されたタマバエは、バラ栽培施設の中で確認されたため、侵入源として、二つの可能性を考えた。一つは、日本で野生のバラ属植物に虫こぶを形成するタマバエ

表3・1　バラ属植物の葉に虫こぶを形成するタマバエ

地域	野生のバラ属	栽培バラ
日本	*Dasineura* 属	*Contarinia* 属
ヨーロッパ	*Dasineura rosae*	*Dasineura rosae*
アメリカ	*Dasineura rosae* (?)*	*Dasineura rosae* (?)*

* アメリカのものは *D. rosae* と同定されている場合もあるが，ヨーロッパ産のものと詳細な比較はなされておらず，別種の可能性もある．

が栽培施設に進入した可能性、もう一つは、海外で栽培バラに虫こぶを形成するタマバエが国内に進入した可能性である。

そこでまず、日本の野生のバラ属に虫こぶを形成するタマバエと、バラ栽培施設で見つかったタマバエの幼虫や成虫の形態を比較してみることにした。その結果、ノイバラとハマナスに虫こぶを形成するタマバエは*Dasineura*属の一種であることが判明した。ところが、山口と福岡、そして、その後、東北地方から九州にかけてのさまざまな県の施設栽培バラで採集されたタマバエは、いずれも*Contarinia*属の一種であることが判明した（表3・1）（徳田・湯川、二〇〇四；河村・徳田、二〇〇四）。次に海外でバラ属植物にハオレ状の虫こぶを形成するタマバエを調べてみたところ、欧米では野生のバラ属植物からも栽培バラからも*Dasineura*属のみが知られていた（表3・1）。

つまり、日本のバラ栽培施設で発生しているタマバエは、日本土着の野生のバラ属植物であるノイバラやハマナスに虫こぶを作るタマバエとも異なるし、欧米でバラ属を加害するタマバエとも異なることになる。

コラム　虫こぶの和名

以前は虫こぶはさまざまな呼ばれ方をしていたが、湯川・桝田（一九九六）により、「寄主植物の和名＋形成部位＋形状を表す言葉＋虫こぶであることを示す〝フシ〟という統一した呼び方の和名を付けることが提唱された。たとえば、口絵3にあるヨモギの虫こぶの場合、寄主植物の和名＝ヨモギ *Artemisia indica* var. *maximowiczii*、形成部位＝クキ（茎）＋形状を表す言葉＝ワタ（綿）状＋虫こぶであることを示す〝フシ〟で、「ヨモギクキワタフシ」となる。また、口絵4にあるタブノキ *Machilus thunbergii* の虫こぶの場合、葉裏に形成された臼《うす》状の虫こぶなので、「タブノキハウラウスフシ」、口絵5にあるヤマブドウ *Vitis coignetiae* の虫こぶの場合、葉に形成されたトックリ状の虫こぶなので、「ヤマブドウハトックリフシ」となる。一見ややこしそうであるが、慣れてくると虫こぶのようすが思い浮かべやすいため、とても便利である。

土着種か、外来種か？

いったい、バラハオレタマバエは、どこから日本のバラ栽培施設に入ってきたのだろうか？　栽培施設の周辺に未知の野外寄主が存在するのだろうか、それとも、苗木等の搬入など、人為的な要因により栽培施設にも ち込まれているのだろうか？

どちらの可能性が高いのかを確かめるために、日本の各地で採集されたバラハオレタマバエのＤＮＡ解析を実施した。ランツボミタマバエのときと同様に、ミトコンドリアＤＮＡのＣＯＩ領域の部分塩基配列を決定したところ、東北地方から九州にかけて、少しずつ遺伝子の変化が見られ、地理的に離れたものどうしほど遺伝的な距離も離れていることが明らかになった（徳田ら、未発表）。

通常、人為的な移入による場合には、特定の遺伝子型をもつものが広範囲で確認されたり、地理的な距離と

日本の植物検疫によるタマバエの捕獲頻度

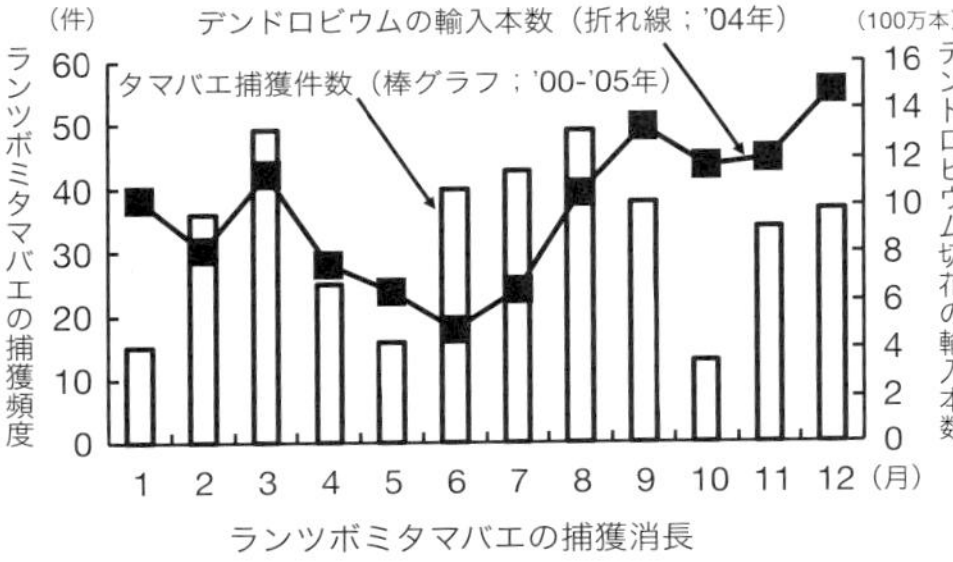

タマバエ捕獲頻度が多い植物（'00-'05年）

植物	件数
デンドロビウム	**476**
ブルニア	383
マツ	231
ヒサカキ	209
・・・	・・・
合計	2,169

バラからのタマバエ捕獲記録はなし

図3・4　日本の海空港における輸入植物検疫で2000年から2005年の間に捕獲されたランツボミタマバエの月ごとの件数（棒グラフ）と2004年のデンドロビウム（ラン）切り花の輸入本数（折れ線グラフ）．デンドロビウムは1年を通して輸入されており，ランツボミタマバエも植物検疫で1年中捕獲されている（Iwaizumi *et al.*, 2007を改変）．また，2000年から2005年の間に輸入植物検疫で捕獲されたタマバエ（合計2,169件；つまり，平均すると毎日1件程度，日本のどこかの海空港でタマバエが発見されていることになる）を植物ごとにみると，右表のようにデンドロビウムでの捕獲がもっとも多いのに対し，バラからの捕獲事例は皆無であった（Iwaizumi *et al.*, 2007を改変）．

は関係なしに、特定の遺伝子型が確認されたりすることが多い。実際、ハワイのランツボミタマバエの場合、複数の島の複数の植物から採集したタマバエが、すべて同じ遺伝子型であった。今回のバラハオレタマバエの事例では、そのような結果にはならなかった。

さらに、横浜植物防疫所の岩泉 連さんに協力していただき、日本の港や空港で海外からもち込まれた植物から確認されたタマバエの記録（つまり、植物検疫で捕獲されたタマバエの記録）を調べていただいたところ、二〇〇〇年から二〇〇五年までの六年間におよそ二千二百件の捕獲記録があることが判明した。したがって、日本のどこかの港や空港で、平均すると毎日一件ずつタマバエが発見されている計算になる。

侵入害虫であるランツボミタマバエの場合、六年間で約五百件の捕獲記録があり、逆にいえばこれだけの件数、水際で侵入が食い止められたということになるのに対して、バラに関しては、一件も捕獲された記録が見つからなかった（図３・４）（Iwaizumi *et al.*, 2007）。

これらの結果にくわえて、そもそも海外の栽培バラでは *Contarinia* 属のタマバエが知られていないことも考慮にいれると、バラハオレタマバエは海外からの侵入害虫ではなく土着種であり、バラ栽培施設周辺に、未知の野生寄主が存在する可能性の方が高いのではないかと考えている。

バラハオレタマバエが野外ではどのような植物を利用しているのか、ひじょうに興味深く、防除を考えるうえでも重要な課題であるが、仮にランツボミタマバエのようにさまざまな科の植物を利用する可能性がある場合、探索すべき対象植物が広すぎるため、一朝一夕のうちに解決するのが難しい問題でもある。

残念ながら、この課題は未解決であるが、いつの日か明らかにしたいという気持ちをもちつつ、現在も研究を続けている。

学位取得

二〇〇三年三月、私は九州大学大学院生物資源環境科学府で博士の学位を取得した。博士論文の表題（邦訳）は、「タマバエ科ハリオタマバエ族の系統学的および生態学的研究」であった（Tokuda, 2003）。

もともとは基礎的な研究から昆虫学に携わり始めたのだが、ランツボミタマバエやバラハオレタマバエ、さらに、ここでは紹介しなかったがマンゴーハフクレタマバエ *Procontarinia mangicola* など（Uechi *et al.*, 2002）、さまざまなタマバエ科害虫が問題となっている状況で、これまでに私が研究してきた知識や技術を、これらのタマバエに対する防除に何か役に立てることができないか、という気持ちが強くなった。

そんななか、海外でヘシアンタマバエ *Mayetiola destructor* というコムギの世界的重要害虫の研究をされていた菅野紘男博士が、熊本県にある国立の農業試験場である九州沖縄農業研究センター（以降、九州沖縄農研）地域基盤部・害虫管理システム研究室の室長として着任された。

そこで、学位取得後の進路として、菅野室長がいらっしゃる九州沖縄農研で、タマバエ科害虫の防除に関する研究に取り組みたいと考え、日本学術振興会特別研究員ＰＤ（いわゆる、学振ＰＤとか、学振特別研究員と呼ばれる任期付の職で、詳細は割愛するが、申請者が自由に研究課題や研究機関を選ぶことができる制度）の申請先として、博士課程三年次の申請の際に、菅野さんの研究室を希望した。

九州沖縄農業研究センターへ

この学振ＰＤの申請の過程で、ある事務的なトラブルが発生し、結果的に私は学振ＰＤに応募しなかったことになった。これで、学振ＰＤとして九州沖縄農研で研究するという希望は絶たれたかに思われたが、菅野室長や地域基盤部の皆川 望部長らの尽力と厚意的な計らいにより、二〇〇三年四月からの一年間、九州沖縄農研で非常勤研究員として勤務できることとなった（図３・５）。

私の印象では、皆川部長は温厚な人柄で、管理職的立場にありながらも研究者のことをよく理解してくださる人物であった。また、菅野室長は研究に対しては妥協を許さない真摯な姿勢で取り組まれており、内に秘めた闘志をしばしば感じられる情熱的な人物であったが、ふだんはいつもにこやかに、優しく接してくださった。

図3・5　九州沖縄農業研究センター.

私としては拾ってもらった立場であったが、お二人のおかげでとても楽しくすごすことができた。そしてこの一年間、バラハオレタマバエの防除に関する研究に取り組んだ（徳田、二〇〇五）。

また、ちょうど私が九州沖縄農研で働き始めたとき、一年間アメリカに研修に行かれていた主任研究員の松村正哉博士が帰国され、害虫管理システム研究室に戻ってこられた。私が虫こぶ形成昆虫を研究していることを知った松村さんは、「虫こぶを作るヨコバイがいるんですけど」とおっしゃった。

虫こぶはさまざまな昆虫により形成されるが、ヨコバイが虫こぶを形成するという話は聞いたことがなかったので、私はとても驚いた。

フタテンチビヨコバイとの出会い

それはフタテンチビヨコバイ *Cicadulia bipunctata* という昆虫で、イネ科植物に虫こぶを形成する（図３・６）。近年、ウズベキスタンから、*Scenergates* 属のヨコバイによる虫こぶ形成に関

図3・6
フタテンチビヨコバイの成虫.

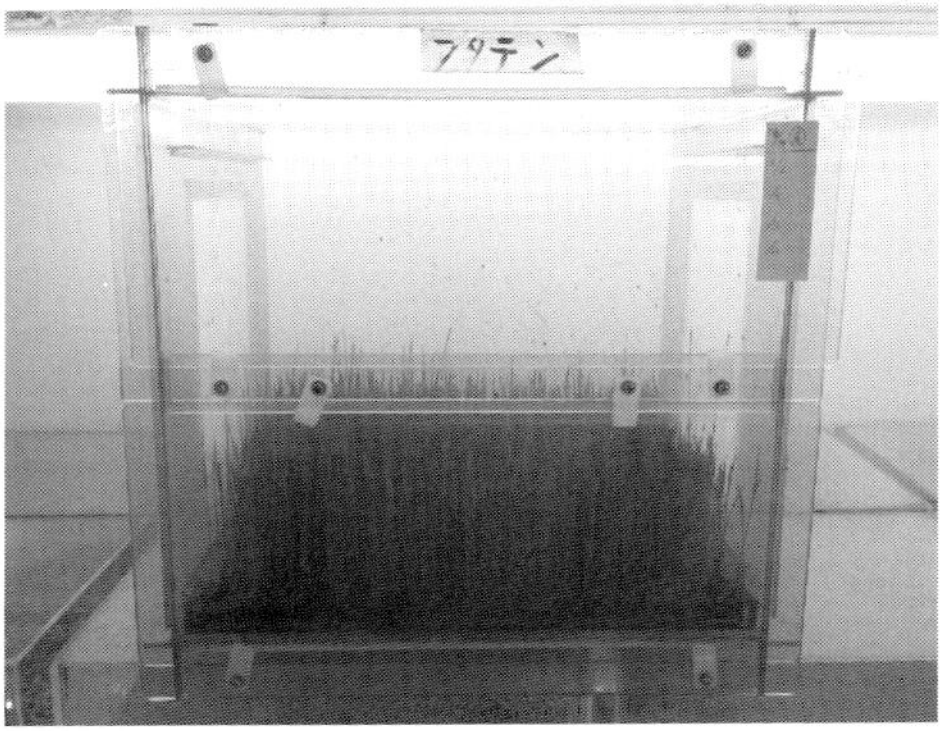

図3・7　イネの幼苗を用いたフタテンチビヨコバイの室内累代飼育のようす.

する報告があった（Rakitov and Appel, 2012）が、当時、虫こぶを形成することが知られていたヨコバイはフタテンチビヨコバイが含まれる *Cicadulina* 属の数種のみであった。

一般的に、日本を含む温帯に生息する虫こぶ形成昆虫の場合、一年に一世代の種が多いうえ、樹木などに虫こぶを形成する種も多いため、室内での累代飼育はひじょうに困難である。ところがこのヨコバイは、年に何世代も繰り返す種であり、イネの幼苗を用いて室内で累代飼育が可能であるという（図３・７）。私はこのヨコバイにとても興味をもった。

フタテンチビヨコバイは、当時から九州中南部の二期作トウモロコシの害虫として問題となっていた昆虫であり、イネ科害虫のウンカ類を研究されていた松村さんが研究に取り組もうとされていた材料であったが、その矢先にちょうどアメリカに一年間行くことになったため、具体的な研究に取り組まれることなく、累代飼育系統だけが維持されて「眠っていた」材料であった。

せっかくの機会なので、松村さんとともに、フタテンチビヨコバイを用いた研究に取り組ませていただくことになった（松村・徳田，二〇〇四；Tokuda and Matsumura, 2005）。九州沖縄農研での一年間は、農業害虫を対象とした野外調査や施設調査、累代飼育昆虫を用いた実験など、さまざまな経験ができ、また、いわゆる大学における基礎的研究と農水省系の研究機関における応用的研究の違いなど、私の価値観を広げるうえでとても刺激的な一年であった。

運命のいたずら

ちょうど私が学位を取得して、九州沖縄農研で一年間お世話になることが決まった二〇〇三年の三月頃、産業技術総合研究所（以降、産総研）の深津武馬博士から、つくばでエゴノキに虫こぶを形成するアブラムシの研究をしてみないかとの誘いを受けた。そのときには、私は悩んだ挙げ句、九州沖縄農研に行くことを選択したが、深津さんからのお誘いもとても魅力的であったため、二〇〇三年に応募する学振ＰＤの申請先として産総研を希望した。そして、無事に採択されて二〇〇四年度からつくばへと移動することになった。

博士課程三年次の学振ＰＤへの申請時、事務的なトラブルにより申請が受理されなかったことを知った際には、正直、とても理不尽な気がしたが、人間というのは、自分の力ではどうしても変えられない運命というものがあるし、人生には何をどうしても好運・不運というものがつきまとう。そして、世の中には、捨てる神あれば拾う神がある。私は名前も知らぬ、どこかの事務担当者にいわば「捨てられた」のであるが、その分、皆川部長や菅野さん、また深津さんにも拾っていただいた。

考えてみれば、あの年に仮に学振ＰＤの審査を受けられていたとしても、結果は不採用になっていたかもしれず、九州沖縄農研で研究に携わることはできなかったかもしれない。逆に採用されていたなら、学振ＰＤとして三年間を九州沖縄農研ですごすことになっていたため、深津さんのところには私でなく、誰か別の人が行っていたかもしれず、つくばで研究する機会は失われていたかもしれない。

その意味でも、私はあのときにトラブル、いや、運命のいたずらがあったことに本当に感謝している。そのおかげで、九州沖縄農研と産総研という二つの研究機関で研究に携わらせてもらう機会が得られ、その経験が、現在の私にはとても大きな影響を与えているからである。

その一件以来、私は、仮にあらぬ方向にサイコロが転がってしまい、予期せぬ悪い目が出てしまったときにも、けっして悲観的になる必要はなく、むしろ、その出た目の中でしかできないことを見つけ出し、かえってもっと良い方向に人生を転がしたいと考えるようになった。

余談が過ぎたが、私は学位取得後の一年間を九州沖縄農研ですごし、二〇〇四年四月より、学振ＰＤとしてつくばの産総研で研究に取り組むことになった。

Recent Invasion of Japan by Some Gall Midges
(Diptera: Cecidomyiidae) of Economic Importance
Makoto TOKUDA[1], Nami UECHI[2], Junichi YUKAWA[2] and Futoshi KAWAMURA[3]
[1] Institute for Biological Resources and Functions, National Institute of Advanced Industrial Science and Technology (AIST), Tsukuba, Ibaraki 305-8566, JAPAN
[2] Entomological Laboratory, Kyushu University, Fukuoka 812-8581, JAPAN
[3] Okinawa Prefectural Agricultural Experiment Station, Naha, Okinawa 903-0814, JAPAN
INTRODUCTION
Some cecidomyiid pests successively invaded Japan in recent years. Procontarinia mangicola (Shi) attacks Mangifera indica (Anacardiaceae) in Okinawa. Contarinia maculipennis Felt is a serious pest of Dendrobium orchids (Orchidaceae). We confirmed the polyphagy of C. maculipennis by molecular analysis. A similar Contarinia species forming leaf-folded galls was found on cultivated roses (Rosaceae) in greenhouses in Japan.
Procontarinia mangicola [ref. 3]
A: Mature larvae
B: Pupa
C: Male
Two weeks/generation
D: Leaf galls on mango
E: Symptoms of Colletotrichum gloeosporioides
Heavily infested shoots: no inflorescences
Old galls: reservoirs of anthracnose inoculum
Contarinia maculipennis [refs. 2, 4]
Serious pest of Dendrobium orchids in Okinawa, Japan
A: Infested flower buds
No commercial value
B: Injured flowers
Natural distribution: Southeast Asia
immigr.: Japan and USA(Hawaii etc.)
NJ tree (mtDNA COI region, 439bp)
[Orchid, Japan]
[Orchid, Hawaii]
Host range: across seven plant families
C. maculipennis is a polyphagous pest
Contarinia sp. on Rosa [ref. 1]
Leaf-fold galls on cultivated roses
Gall midges on Rosa
EU and USA: Dasineura spp.
Japan:
Dasineura spp. on wild roses
Contarinia sp. on cultivated roses
No information on the natural distribution of Contarinia sp. Native or exotic species?
1.3-1.4:1.0
1.8-1.9:1.0
Morphologically different
REFERENCES (Correspondence: tokuda-m@aist.go.jp or uechi@agr.kyushu-u.ac.jp)

第4章
虫こぶの世界へ

海外での出来事

つくばでの研究の話はこのあとの第6章まで待ってもらい、この章では海外での話をしたい。

私はこれまで、野外調査や学会参加のために二十数ヶ国、のべ四十回近くの海外出張に赴いた。そのなかで、大学院生の頃から九州沖縄農研にいた二〇〇三年度にかけて訪れたいくつかの国でのエピソードを紹介する。

いつの頃からかやめてしまったが、当時私は、海外に行ったときだけは日記をつけることにしていた。思い出の写真を残すような気分で、そのときにその場所で感じたことを何らかのかたちで残しておきたいと考えていたからだ。

この本を執筆するにあたり、当時の海外での日記を読み返してみると、記憶が鮮明に蘇ってくる出来事から、さっぱり思い出せない些細なことまで、笑いあり、涙あり、危険あり、ロマンス（？）ありと、じつにさまざまな内容が書き込まれている。

初めての海外での昆虫調査

私が初めて昆虫の調査で海外に長期滞在したのは、一九九九年、修士二年のときの秋、インドネシアでの調査であった。当時はまだインターネットや携帯電話が普及しておらず、海外に滞在している間、日本からの情報は海外のテレビのニュースで見る以外には入ってこず、海外から日本へも国際電話をかけなければ連絡することができなかった。出張から帰国するとまず、日本の友人に「何か大きな出来事があった？」と尋ねるのが

図4・1　インドネシア・ボゴール（ジャワ島）のゲストハウスにて．向かって左から黒須詩子さん（現・中央大学教授），筆者，緒方一夫先生（現・九州大学副学長），政岡 適君（後輩），湯川淳一先生，井上広光君（同級生）．

常であった。

インドネシアでは、スラウェシ島を中心に約一ヶ月、十名ほどの日本人と、数名のインドネシアの協力者の人たちとですごした。数台の大型の車でスラウェシ島内を移動しながら虫こぶを探し回った。私にとって初めての熱帯であったし、何より、海外での初めての調査であったため、気候も、食べ物も、人も文化も違う国での一ヶ月はとても新鮮だった（図４・１）。

旅行の途中で、ほぼすべてのメンバーが体調を崩し、私も食中毒に似た症状で、腸がまったく働かなくなり、食欲もまったくなくなり、つばもまったく出てこなくなり、それでも栄養をとらないといけないと思い、無理にパンを食べたりしたことがあった。ただ、唾液が出てこないため、パンがいつまでたっても口の中で柔らかくならず、まるでガムを噛んでいるような状態になり、けっきょく水を飲んで喉の奥に押し流した。

歯を磨いても、唾液なしでは泡立った歯磨き粉を吐き出すことができないため、やむなく一度水を含んで吐き出して、さらにうがいをするかたちで歯磨きをこなした。体のある部分が筋肉痛になると、あ、こんな動きのときにこの筋肉を使っているのか、と、痛みで把握できるときがあるが、あのインドネシアで体調を崩したときには、唾液の役割を知ることができた。

この体調不良に数日間は苦しんだが、回復して以降は、早寝早起きの生活、日中に調査でしっかり運動をして、たっぷり汗をかく日々で、むしろ日本にいるときよりも調子が良いくらいの健康的な生活をおくることができた。

インドネシアの虫こぶ

そんなインドネシアでの虫こぶの話をしておこう。インドネシアはかつてオランダの植民地であったが、その時代、Docters van Leeuwen-Reijnvaan and Docters van Leeuwen (1926) により、ジャワ島を中心に、虫こぶ形成昆虫相が比較的よく調べられている。そして、一八八二年に人類史上最大とも言われる大噴火が起こり、生物が死滅したクラカタウ諸島における生物の遷移に関する研究の一環として、噴火後百年を経過した一九八〇年代から、湯川淳一先生やインドネシア人の研究者らにより虫こぶ形成昆虫の研究が進められている(Partomihardjo *et al.*, 2011他)。

インドネシアは日本と同様に多島嶼国家であるが、もう一つの共通点として、国内に複数の動物地理区の境界が存在することが挙げられる。日本はトカラ海峡を境にその北側の旧北区と南側の東洋区に区分されるが、インドネシアでは、バリ島とロンボク島の間で、西側の東洋区と東側のオーストラリア区に区分される。そしてKの字に近い形をしているスラウェシ島では、Kの三画目にあたる右下の半島部分が古くはオーストラリア区に存在していて、それが東洋国に存在していた一〜二画目にぶつかって今の形になったとされている（Hall, 2002）。現在では、スラウェシ島を含む一帯を、東洋区とオーストラリア区の移行帯としてウォーレシアと呼ぶこともあるが、かつてはこの島をどちらの地理区に含むべきか、議論が分かれていた。

この調査の目的は、このスラウェシ島における昆虫類の多様性を明らかにすることであった。以前の研究から、虫こぶ形成者は温帯域でもっとも種多様性が高く、熱帯では種数が少ないと考えられてきた（Price *et al.*, 1998）。しかし、このスラウェシ島での調査で、二四五種類もの虫こぶを確認することができ、熱帯にも多数の虫こぶ形成者が存在することが明らかになった（Yukawa *et al.*, 2000）。

初めての国際会議

初めての国際会議での発表は、ブラジル・イグアスで二〇〇〇年に開催された国際昆虫学会議であった。虫こぶ形成昆虫のシンポジウムで、シロダモとシロダモタマバエのフェノロジーの同時性について講演した。当時の日記を振りかえってみると、じつにムチャクチャな（苦笑）国際会議だったことが改めて思い出される。以下、一部改変して抜粋する。

会議前日。イグアスのホテルに到着。国際会議のスタッフの人（？）がホテルのフロントに来られて、今日から参加登録ができる、明日は四千人もの参加者が来るのでとても混み合う、と言われたので、受付のあるコンベンションセンターにさっそく行ってみると、まだ建物が完成しておらず、大工さんみたいな人たちが作業をしている有様で、受付の準備もさっぱりできておらず、このようすでは明朝九時から受付ができるのかもわからない状況だった。

（＊注：本来は国際会議までにこの会議場が完成しているはずだったのだが、けっきょく間に合わずに、会議は複数のホテルに分散して開催されることになり、会場間をバスで移動しなければならなかったため、ひじょうに不便であった。）

また当時、たしか旅行会社の担当者で、ブラジル在住四十年の日系人からうかがった話が日記に残されている。

「この国では、みんな驚くほどのんびりしている。急いでも疲れるだけ。日本人はみんな面食らう。私も来たときは面食らった。でも今では他のブラジル人よりのんびりになった。こんなときに怒ってはいけない。ああまだか、じゃあまた明日来ようかと思えば良い。」

日記を続ける。

会議初日。朝八時半に出発して再びコンベンションセンターへ。会場にはすでにたくさんの人が列を作っている。私はT－Zの列に並んだが、途中でFirst nameの列に並ばなければならないという情報が流れてくる。ここでもし並び直していたら、さらに待ち時間が追加されたはずであるが、私たちは噂に惑わされずにその場に留まったため、たった二時間ほど（！）並ばされただけで無事に登録ができた。

いったんホテルに戻り、十七時発でウェルカム・レセプションの会場へ。十八時から開始の予定が、実際には十八時四十分頃に開始。さまざまな人の挨拶が続き、ダンスショーが始まり、カクテルタイムになったときにはすでに二十三時を回っていた（その間もそれからも、ずっと立ちっぱなし…）。深夜〇時ころにホテルに帰着。

……と、海外ではいろいろな意味で体力も必要だ。

初めての英語での学会発表

続いて、私が国際会議でデビューした大会四日目の日記を見てみよう。

大会四日目。いよいよ湯川先生がオーガナイザーを務められる虫こぶ形成昆虫のシンポジウム開催日。私はこのシンポで初めて国際会議で発表する。八時頃に朝食。八時半発。

ホテルを出たところで、湯川先生が

「よし! 今日はキバって行こうな!」

と声をかけてくださり、いっきに気合いが入った。

タクシーでシンポ会場のブルボンホテルへ向かう。私の発表は、午後一番の予定である。

シンポジウムは九時開始の予定だったが、基調講演が延びて、それから会場準備が始まったので、十〜十五分遅れで開始。午前中は心地よい緊張感の中、順調に講演が続いたが、午前最後の発表者、イタリア人のマリオさん(*注:ペルージャ大学のMario Solinas博士)の講演というところで、マリオさんのCDがパソコンでうまく読み込めないというトラブルが発生した。そこで、急遽マリオさんの発表を午後に回すということで昼休みに突入した。

受付にスライドをセットしに行ったあと(*注:当時はパソコンを直接プロジェクタにつなぐのではなく、三十五ミリスライドに焼きつけたフィルムをバウムクーヘンのような形状のホルダーにセットして一枚ずつ映写して講演するのが一般的であった）で、台湾の友人たちといっしょに昼食。午後二番目の発表になったので、心持ち緊張が緩和されたのだが、頼んだサンドイッチがなかなか出てこず、けっきょく慌てて食べてシンポ会場に戻る。

午後の最初の司会はスウェーデンのStig Larssonさん。会場に到着すると、まだマリオさんのCDが読めないので、やっぱりスケジュールどおりに私の発表から始める、と突然言われた。

が、なぜかセットしたはずのスライドがまだ会場に到着していなかったため、急遽予備で準備していたOHPシートを用いての発表になる。いろいろとドタバタで、まともに緊張している余裕もないような状態だったが、どうにか無事に発表を終える。質問が二つあり、単語を必死で羅列して、何とか答えた。でも他の発表者のように、長い返答をすることがなかなかできない。もっと英語の勉強が必要と痛感。

けっきょく、マリオさんのCDは最後まで使えず、別のPCで読み込めるか試しに使われた台湾の楊　曼妙（ヤン・マンミャオ）博士（現・国立中興大学教授）のPCからは突如煙が上がって、マリオさんのCDだけでなくマンミャオさんのPCまで使えなくなるというハプニングがあった以外はつつがなく進行し、マリオさん以外の人は全員発表をおえて、シンポジウムは幕を閉じた。

ブラジルの虫こぶ

国際昆虫学会議が終了したあと、ブラジルの北部に位置するアマゾン川流域の都市マナウスを訪れ、熱帯雨林の中で虫こぶ形成昆虫の調査に赴いた（図4・2）。マナウス市郊外には日本人入植地があった。ここでもブラジルに移住して四十年というガイドの方から、いろいろな話を聞かせていただいた。以下、当時の日記よ

図4・2　ブラジル・マナウスの船上にて．イグアスでの国際昆虫学会議のあと，この日本人一行でマナウスに調査に赴いた．

り。

初めは野菜づくり、ゴム園の失敗、西洋コショウづくりの断念、養鶏業の開拓など、痩せた土地に人生をかけた先人の顔には、この四十年の苦労と、そして何よりも誇りが刻みこまれているようだった。

そして、アマゾンの熱帯雨林でも、短時間の調査にも関わらず、多数の虫こぶを見つけることができた。前述のインドネシアの例も含め、改めて、熱帯では虫こぶ形成者の多様性が低いという定説は完全に崩れさる結果となった（Yukawa *et al.*, 2001）。

初めての単身海外調査

博士論文を取りまとめるにあたり、どうしても日本産と極東ロシア産のタマバエとの比較が必要になった。一部は、兵庫県立人と自然の博物館に保管されているロシア人のタマバエ研究者、Boris Mamaev 博士のコレクションを借用して形態を確認することができた。

図4・3 *Asteralobia*属タマバエによりオミナエシ属植物に形成された虫こぶ.

しかし、それだけではまだ十分とはいえず、とくにキク科のシオン属*Aster*やオミナエシ科のオミナエシ属*Patrinia*などに虫こぶを形成するタマバエに関して、日本産と極東ロシア産の標本を比較する必要があったため、博士課程三年の二〇〇二年九月、単身でウラジオストックに渡った(図4・3)。

このロシアへの旅は、出発前から波乱の連続であった。もともとは、ロシア人の協力者の方と親しい日本人の調査に同行させていただく予定だったのだが、なんとその方が妊娠してしまい、急遽行けなくなったということで、私一人でロシアに赴くことになった。

また、ロシアに入国する際にはビザが必要であり、ロシア旅行を扱っている代理店にパスポートを送り、ビザ取得を依頼していたのだが、なぜか(よく思い出せないが)手続きがギリギリになってしまい、出発当日に私の自宅にパスポートが配達される見込み、と連絡があった。

当時私は福岡に住んでいたが、朝に福岡空港から新潟空港に飛び、そこから出国してウラジオストックに向かう旅程であったため、当日に自宅に届いてもらってはパスポートの受け取りが間に合わない。そこで、あちらこちらに連絡したすえ、福岡インターチェンジの近くの宅急便の集積所でトラックの到着を待ち構えることにし、深夜三時頃に何とかパスポートを受け取ることに成功して、ほぼ眠らないままに福岡空港から出発した。

これが初めての単身での海外渡航であったため、出発前の不安は半端でなかったのだが、パスポートの一件で、そもそも出発できるのかという心配が頭を満たしてくれたおかげで、パスポートを受け取れただけで安堵感いっぱいになり、寝不足も手伝ってなんだか妙なハイテンションでウキウキな気分での出発となった。

英会話上達の秘けつ

当時私は、海外に行く際に、英会話上達のために何か一つ目標を立ててから出発することにしていた。このときの目標は、アーハッ、をモノにすることであった。アルファベットで書けば、Ah, h… である。外国の方と英語で話す際、相づちでよく使われる表現であるが、日本語の応答ではまず使うことがない表現であるため、なんだか恥ずかしくて、使いたいと思ってもなかなか使いこなせないでいた。

今回の旅は日本人が私一人だし、協力者のロシア人も事前に一度話をしたことがある程度で、幸か不幸か知り合いともいえないような間柄であったし、ロシア人にとっても英語は外国語であるため、仮に私が下手クソな「アーハッ」の相づちを連呼しても、たいした国際問題には発展しないのではないかと考えたのだ。

ウラジオストックの空港に着き、長い入国手続きをようやく終えた先に、協力者のアンドレイさん（Andrey Kozhevnikov 博士）が待っていてくれた。夜の空港からホテルへと向かう車の中から、さっそく「アーハッ」

の実践を始めた。初めはとても緊張して、妙に力の入った「アーハッ！」になっていたかもしれないが、アンドレイさんは別に笑うでもなく、そのまま淡々と話が先に進んでいくので、私もだんだんと調子がよくなり、「アー↗ハーッ↘」と、場面に応じて前半下げ気味、後半上げて最後にまた落とす「アーハッ」など、さまざまなバリエーションを試す余裕もでてきた。この旅のおかげで、私なりには「アーハッ」が無事にマスターできて、その後英語で会話をするシーンでも自然と使えるようになっている、と思っている。

ホテルでは、ふつうの部屋を予約しているはずだったが、なぜかキッチンなどが付いたセミスイートルームに案内された。アンドレイさんは部屋を見るなり、すごくいい部屋じゃないか、もったいないな（＊注：翌日からは野外調査に行くため、帰国前の最後の一日を除きテント生活の予定だった）とおっしゃった。あとでわかったことだが、ビザの手続きが遅くなったお詫びに、旅行代理店の方が良い部屋に変更してくださっていたそうだ。本当に、もったいないくらいの良い部屋だった。

逆ハンドルでのドライブ

翌日から、もう一人の協力者のビクターさん（Victor Kuznetsov 博士）と共にアンドレイさんの車、三菱のデリカワゴン（日本製の中古車）に乗り込み、三人での野外調査ツアーが始まった。ウラジオストックの街中の市場で食料（パン、イクラ、野菜類など）や飲み物（水、缶ビール、ウォッカ、バルサム酒など）を買い込んだ。当時は、ウラジオストックの街は日本からの中古車で溢れており、ざっと見たところ九割以上は日本車であった。ただし、日本から輸入した中古車であるため、すべて右ハンドルの車であり、それが右側通行のロシアの道路を走っているというなんとも不思議な光景だった。

市街地はまだ良いとしても、郊外を走る際にはヒヤヒヤする場面が多かった。アンドレイさんが運転席、私が助手席、ビクターさんが私の真後ろに座ると言う配置で常に移動していたが、速度の遅いトラックが前にいると、アンドレイさんはすかさず追い越しにかかる。が、本人は右側に座っているため、左側へと徐々に車線を移すと、私が座っている側が先に対向車線へとはみ出す。もし対向車が来ていると、私の後ろからビクターさんが何かをボソボソとつぶやき、するとアンドレイさんはハンドルを返して再びトラックの後ろへと戻る、という動作が繰り返される。対向車も郊外ではかなりのスピードを出しているので、車線をはみ出した時点で急接近してくる対向車が見えると、ダメダメ、とか、危ない危ない、来てる来てる、などと叫びたくなるのだが、下手に英語や日本語で叫んで、まかり間違ってロシア語で「Ｇｏ！」みたいな意味にとられてしまっては自殺行為なので、私はひたすらに助手席で固まって静かにしていて、ビクターさんのつぶやきに任せていた。

そして、小休止の際に、ビクターさんに席を代わってくれるように何度かお願いしてみたが、お前が主役だからお前が助手席だ、と、頑として譲ってくれなかった。

ロシアでのテント生活

調査ツアーでは、自然と三人の役割分担は決まっていた。紹介がすっかり遅れてしまったが、アンドレイさんは植物が専門で、しっかり者、まじめな印象の研究者であった。ビクターさんは昆虫が専門で、ひょうきん者、ムードメーカー的な役割であった。

図4・4　極東ロシアの調査地にて．落葉広葉樹が生い茂る急斜面を登りながら虫こぶを探索し，途中の開けた場所から景色を撮影したもの．

全般的な旅程は植物の分布に精通しているアンドレイさんが仕切り、私が事前にリクエストしていた植物がある場所に案内してくださった（図4・4）。そして、私はそこで虫こぶを探し回った。ビクターさんはもっぱら補佐役で、先ほど紹介したようにトラックを追い抜けるかどうかアドバイスしたり、森の中の道を川が遮っていた際には、率先して裸足になり、ズボンを脱いで川に入っていき、車が渡れるかどうか判断したりしていた。

夕方まで一通りの調査を終えると、アンドレイさんはキャンプができそうな場所に車を停めた（図4・5）。そこで、暗くなるまで、私はキャンプ用の簡易机と椅子を使わせてもらい、当日採取した虫こぶを計測したり解剖したりと、サンプルの整理に追われた（図4・6）。その間、アンドレイさんは火をおこしたあとで三人が寝るテントを組み立てた（図4・7）。ビクターさんはその日の食事の準備を始めた（図4・8）。私が虫こぶを解剖していると、ホレ、と言う感じで、五

図4･5　ある日のキャンプサイトにて．この道の奥から手前へと到着し，川を渡って写真よりも手前側に停車，キャンプの準備が始まる．

図4･6　その日の調査で採集された虫こぶ（手前のビニル袋）と，虫こぶ解剖のための道具一式（携帯顕微鏡，ライト，野帳，ピンセットとメス，マイクロチューブとラベル用のシールなど）．

図4・7　夕食用の火をおこすアンドレイさん．

図4・8
食事の準備をするビクターさん．虫こぶの整理が終わるにつれ，食卓は徐々に食材に占領されていく．手前右側にある缶はアンドレイさんが私に渡したビール．

図4・9　テントを張るアンドレイさんと食事をつくるビクターさん．

百ミリリットルくらいの缶ビールを一本、アンドレイさんが作業台の上に置いてくれた。テントの組み立ても食事の準備も、ビールを飲みながらの作業だったので、私もロシア式に、毎夕ビールを飲みながら作業した（図4・9）。

大陸性の気候であるためか、この時期だけの特徴なのか、とにかく、私が調査に行った際のウラジオストック周辺は、日中と夜間の気温差が激しかった。日記を振りかえってみると、だいたい日

図4・10　ビクターさんが貸してくださった上着を着て写真にうつる筆者.

中は二十六度前後、暑い日は三十二度くらいまであがり、夜は八度前後まで、日没とともに温度が急激に下がる。このような一日の中の気温の変化に慣れていなかったため、初めはかなり戸惑った。ロシア人の二人はずっとこの気候で生活しているから当然といえば当然だが慣れており、寒くなるにつれて、自然と一枚ずつ上着を増やしていった。

私も肌寒くなってくると一枚長袖を着て、さらに寒くなるとビクターさんが貸してくれたコートを着るようにしたが、虫こぶの処理に夢中になってしまい、夕方から夜にかけて温度低下とともにだんだんと服を増やしていくという習慣になかなか対応できなかったため、調査の途中からはアラームを二回かけておき、それが鳴ったら一枚ずつ羽織るという他人任せの戦術に切り替えた（図４・10）。

図4・11　朝食をかこむアンドレイさんとビクターさん．イクラがどっさりのせられた食パンがつみあげられている．

思い出の食事

ビクターさんが作る料理は美味しかった。市場では、「お前は日本人だからイクラが好きだろう」と言われ、実際に私はイクラが好きだったので、「好きだ」と答えると、大量に仕入れてくれた。夜はもちろん、朝もパンにイクラをどっさり乗せて食べた。初めの二日くらいはとても満足していたのだが、日を追うにつれてイクラが塩辛くなっていくことに気がついた。おそらく、腐敗を防ぐために、ビクターさんが毎晩塩を投入しているものと考えられた。

いくら、イクラ好きだといっても、イクラの塩辛をそんなに大量に食べられるわけはない。多すぎるから少しでいい、といっても、遠慮するなとビクターさんはどっさりイクラを乗せてくる。当時はけっこう辛かった、いや、塩辛かった、が、今となっては良い思い出だ（図４・11）。

ある日の車内で、「今日の夕ご飯は何がいいか」と聞かれたものの、私はロシア料理についての知識をもち合わせていなかったため、とりあえず、唯一知っていた「ボルシチ」と答えた。

正直、ボルシチがどんな料理かもそのときにはよくわかっていなかったが、ビクターさんは、「おお、そうか、ボルシチか。そういえばボルシチを作っていなかった。なぜ今まで気づかなかったんだろう。よし、今夜はボルシチにしよう。ボルシチにはジャガイモがいるな。今日は途中の町でジャガイモを買おう」と楽しそうに笑顔を浮かべ、ボルシチを作ってくださった。

コイズミ訪朝

夕食では突然アンドレイさんが演説をはじめ、話が終わるとウォッカとバルサム酒を混ぜたカクテル（？）を乾杯して飲み干す。私やビクターさんも何か話せと言われて、私もつたない英語で何かを話しては乾杯した。虫こぶの処理が終わったあとの食事とウォッカでの乾杯はとても楽しかった。

とにかく、ロシアの森の中で驚いたのは、夜空の星の多さだった。日本の都会では、天の川がどこにあるのかさえわからないほど星が見えないのが常であるが、ロシアの森の中では、日本のどこで見たよりも空の星が明るく、ミルクをこぼしたような天の川がきれいに見え、まるで、星が多すぎて、その重さで天井が落ちてくるのではないかと思われるほどだった。きっと、文明開化以前の日本人はこのような空を見ていたのだろうし、少し大げさかもしれないが、太古より人類が天体に興味をもち、古くから天文学が発達してきた理由が何となくわかった気分になった。

図4・12　ハンカレイクの朝焼け.

ハンカレイクという湖のほとりでキャンプをした日、なぜかこの日はみんながいい気分になり、夕食のあとも深夜まで湖畔にたたずみ、湖を見ながら、さまざまなことを語り合った（図4・12）。ビールとウォッカでのほろ酔いが手伝ってか、周囲に日本人がまったくいない環境がプラスに作用してか、とにかくこの旅では、日に日に英語で話ができるようになっていくのがわかるほど、私の会話能力が向上した。

「おい、日本のコイズミが北朝鮮に行ったぞ。」とビクターさんが私に興奮したようすで話しかけてきたのはその翌朝だった。そう、私がロシアに行っている間、当時の小泉純一郎首相が拉致問題の解決のため、北朝鮮を電撃訪問したのだ。

詳細は帰国後に知ることになり、残念ながらリアルタイムで日本のニュースを見ることはできなかったのだが、訪朝の事実は、当時ロシアのラジオニュースでも大きく取りあげられたのだった。

コラム　ロシア国境警備隊との遭遇

ある日の夕べ、中国国境近くの森でキャンプを張り、ふだんどおりに虫こぶの解剖をしていると、若いロシアの軍人がバイクに二人乗りをして通りかかった。ロシア語でのやりとりなので詳細はわからないが、どうやら、こんな森の中で何をしているかを尋ねられたようだ。その場ではアンドレイさんが応対をして、何事もなく終わったのだが、夕食を終えて夜の談笑をしていると、その二人組がバイクで戻ってきた。彼らは明らかに酔っぱらっており、私たち三人に再び絡んできた。私も盛んに何かを話しかけられるのだが、ロシア語はさっぱりわからないのでだまっていた。横からアンドレイさんがいろいろと説明をしてくれているようだった。パスポートを出せ、といわれ、パスポートを見せるとしばらく何かしゃべっていて、無事に返してくれた。

アンドレイさんが、少し席を外して、ウォッカともバルサム酒とも違う何やら液体の入った瓶を一本もってきた。そしてそれを兵隊二人にふるまった。彼らは泥酔している中でもそれが強烈なアルコールであるのがわかるように、一口含むとキェーッと舌を出してしかめっ面をした。

そして、兵隊たちは、私にもその液体を飲むようにとすすめてきたように思われたので、渡される杯を受け取ろうとすると、アンドレイさんが私の耳元で「それはエタノールだ。彼らにはスピリッツだと言ってふるまっている。

図　マツタケの匂いをかぐアンドレイさん.

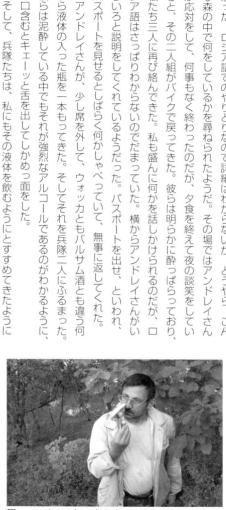

私はあなたに、それを飲まないことを強く勧める」と英語でつぶやいたので、丁重にお断りすることにした。

想像するに、アンドレイさんが彼はお酒が飲めない、とでも言ってくれたのだと思うが、結果的に私はその「スピリッツ」を賞味させられることなく、兵隊たちもしばらくすると話題が尽きたのか、バイクに乗って帰って行った。

いったい、さっきの出来事は何だったのかと聞いたところ、どうやらその日は彼らのうちの一人の誕生日で、そのお祝いをするために国境沿いの基地から抜け出して二人で街にくり出していたらしい。そして、この辺りの森では、中国人がマツタケ目当てに入ってくることがあるようで、兵隊はそれを警戒している、とのことだった（図）。

ちょうど東洋人（つまり私）がいたので、中国人ではないかと疑われたようだ。「彼らはお前にさかんに中国語で話しかけていただろう?」とアンドレイさんから言われたが、私はすっかり、彼らが話しているのはロシア語だとばかり思っていたので、まったく気がつかなかった。それを聞いてビックリしたのだが、もし兵隊たちが本場の中国語の発音で話しかけてきていたら、あ、中国語だ、と思い、喜んで話し返していたかもしれない。

私の思い込みと、彼らのロシアなまりの中国語のおかげで、結果的にはおかしな難を逃れたかっこうになった。

訃報

いろいろな思い出が詰まったロシアでの調査の成果は、その年の年度末に、アンドレイさんやビクターさんたちと一本の論文としてまとめた（Tokuda *et al.*, 2003）。

その後、二人と会う機会はなかったが、その旅が終わって数年後、私がつくばの産業技術総合研究所で日本学術振興会の特別研究員をしていたとき、アンドレイさんから一通のメールが届いた。残念ながら今はもうそ

図4・13　調査後に立ち寄ったビクターさんのオフィスにて．私がビクターさんを撮影した最後の写真．

のメールはどこかに行ってしまい開くことができないが、それはとても悲しい内容だった。

ビクターさんがガンで亡くなられた、という知らせだった。

私とビクターさんは、人生の中でたった一週間、いっしょにキャンプをしてすごしただけの仲ではあるが、私にとって共著で論文を書いた方が亡くなられるのは初めての経験であり、ロシアのあの楽しかった時間は私にとってかけがえのない人生の糧にもなっていたため、その知らせは、本当に辛く、悲しいものだった。

アンドレイさんからのメールは、その実直な人柄と、親友が亡くなった衝撃とを象徴しているかのように、ストレートで短い文面であったように思う。

ビクターさんがどのくらい病床につき、どのように亡くなったのかは知る由もないが、私の心の中では、あのキャンプのときの屈託のないビクターさんの笑顔が今でも生き続けている（図4・13）。

台湾のタブウスフシタマバエ

台湾にはこれまで四度訪れたことがある。すべて、虫こぶ形成昆虫の調査が目的である。初めて訪れたのは二〇〇〇年三月。当時九大農学部昆虫学教室の助手だった紙谷聡志博士（現・同准教授）と、大学院生だった室井君と私の三名で十日間ほど滞在した。ちょうど私が修士課程二年の終わりだった。

福岡空港で搭乗手続きをしていると、偶然にも学部一年のときに同じクラスで、二年後期から別の学科に別れた友人たちに出会った。彼らはヨーロッパへと卒業旅行に旅立つところだった。

私は博士課程に進学することになっていたので、卒業旅行に行くという発想はまったくなかったが、そういえば、卒業シーズンなのだな、とそのとき思った。

今回の調査の目的はタブウスフシタマバエ属 *Daphnephila* をはじめとする、台湾産ハリオタマバエ族の調査だ。現地では、当時台中市にある台湾国立科学博物館で学芸員をされ、キジラミをはじめとする虫こぶ形成昆虫の研究をされていたマンミャオさん（ブラジルの国際会議でPCが壊れた楊 曼妙博士）の元を訪れる。マンミャオさんにお世話になっている日本人の昆虫学者はひじょうに多いが、私も例外に漏れず、二〇〇〇年の初訪問から現在に至るまで、お世話になったりお世話をしたりと、とても長い付き合いになっている。海外の昆虫学者の中で、もっとも親しい友人の一人だ（図4・14）。

タマバエの仲間は、虫こぶを形成する昆虫の中でももっとも種数が多く、さまざまな植物に、多様な形状の虫こぶを形成する。中でももっとも形状が美しい虫こぶは、タブウスフシタマバエ属によるものであろう。このグループは、南アジアから東南アジア、そして東アジアにかけて分布しており、主としてクスノキ科タブノキ属

図4・14　台湾・台中市にある国立自然科学博物館の植物園にて．ヤン・マンミャオさん（右）と筆者．

Machilus の植物に虫こぶを形成する（Tokuda and Yukawa, 2007）。

日本では、タブノキの葉の裏側に臼のような形状の虫こぶを形成するタブウスフシタマバエ *D. machilicola* の他、まだ学名は付いていないが、ホソバタブの葉の裏側に壷状の虫こぶを形成する種 *Daphnephila* sp. 1と、沖縄で冠状の虫こぶを形成する種 *Daphnephila* sp. 2が存在する（Tokuda and Yukawa, 2007）。

このグループのタマバエがもっとも多様なのは何といっても台湾であり、タブノキの枝にトゲ状の虫こぶを形成する *D. truncicola*、毛の生えた卵状の虫こぶを形成する *D. taiwanensis*、こん棒状の虫こぶを形成する *D. stenocalia*、底がすぼまった卵状の虫こぶを形成する *D. sueyenae*、スワンの首のような独特の形状の虫こぶを形成する *D. ornithocephara*、タブノキの近縁種に釣り鐘状のこちらも独特の形状の虫こぶを形成する *D. urnicola* の他、多数の未記載種が存在している（Tokuda *et al.*, 2008b）（図4・15、口絵7～9）。

図4・15　タブウスフシタマバエ属の一種*Daphnephila taiwanensis*によりタブノキに形成された虫こぶ.

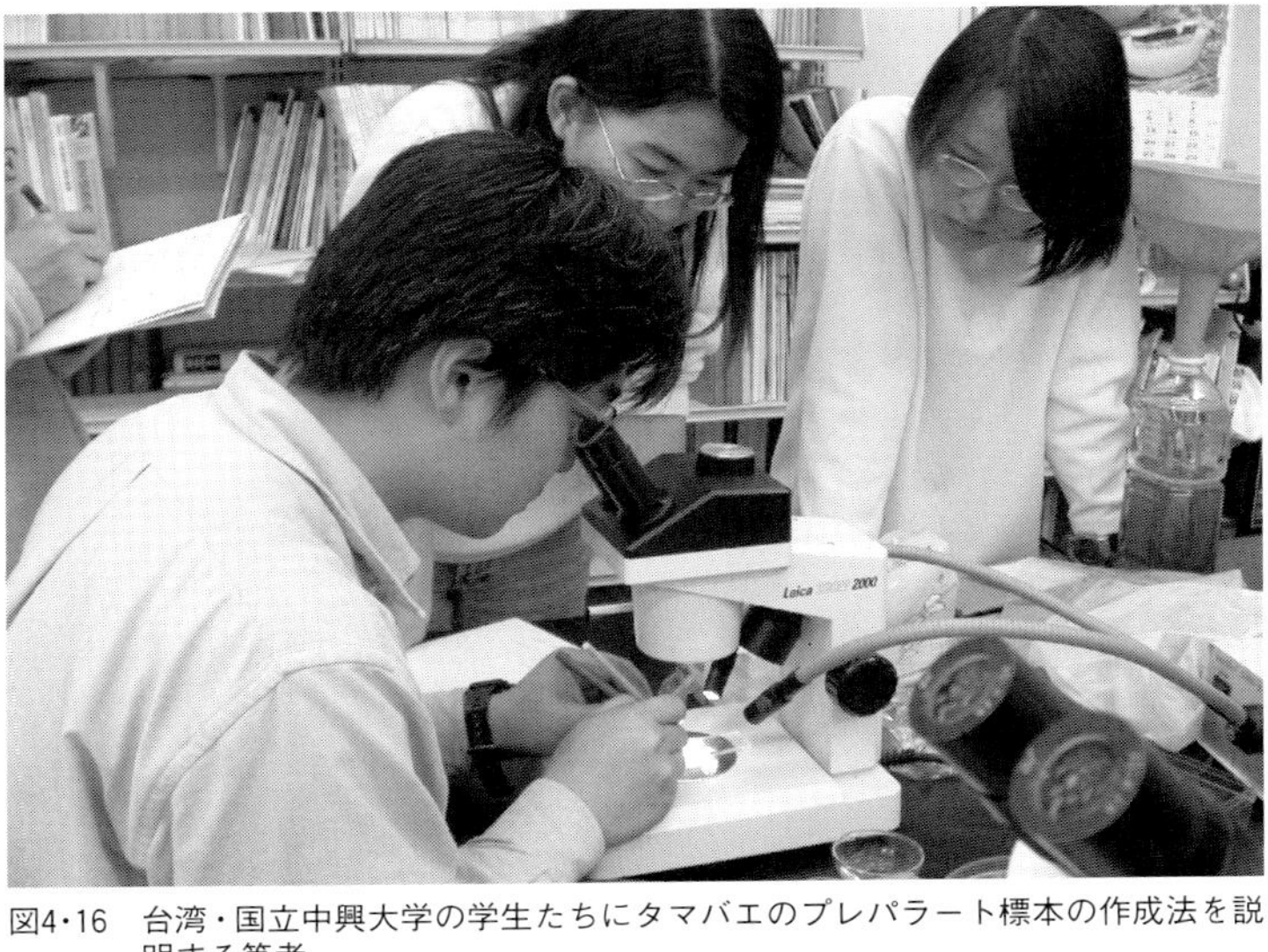

図4・16　台湾・国立中興大学の学生たちにタマバエのプレパラート標本の作成法を説明する筆者.

いかにしてこのような多様な形状が進化したのか、これらの形状には適応的な意義があるのか、など、興味は尽きない。本来なら、台湾に長期間滞在して、現地でさまざまな調査をしたい気持ちがあるのだが、なかなか状況が許さない。幸い、台湾の研究者たちがこのグループの虫こぶに興味をもってくれており、さまざまなかたちで研究を進めてくれている（Pan *et al.*, 2015 他）ので、彼らの成果に期待しつつ、私もできるかぎり協力したいと考えている（図4・16）。

ノースダコタ州立大学

九州沖縄農研に在籍していた二〇〇三年の十月から十一月にかけて、菅野さんが私を半月ほどアメリカに赴かせてくださった。

菅野さんがニュージーランドにいらっしゃった頃にお世話になり、アメリカのノースダコタ州立大学に異動後もヘシアンタマバエの研究を継続されていたMarion Harris博士（マリオンさん）のところと、スミソニアン国立自然史博物館にオフィスがあり、存命のタマバエ分類学者としては世界でもっとも著名なRaymond Gagné博士（ガニエさん）の元を訪問させてもらった。

私の悪いクセなのだが、海外出張の際には、機内で眠られるという気持ちもあって、直前まで寝る暇のないほど仕事を詰め込んでしまい、いつもドタバタでの出発になる。

そのときも、直前までバタバタとしていて、ノースダコタのことを下調べしておく時間がとれず、とりあえず、『地球の歩き方』の「アメリカ」（地球の歩き方編集室／ダイヤモンド社）という分厚い書籍を購入だけし

図4・17　アメリカ，ノースダコタ州の州都ファーゴにて．ホテル近くのブロードウェイという通りの朝のようす．

て、行きの機内で読むことにした。

さっそく機内でその本を開いてみると、なんど見直しても「ノースダコタ州」という頁が見当たらない。かろうじて、おとなりの「サウスダコタ州」が一頁か二頁載っていたが、それも決定打とはもちろんならず、けっきょく、何の情報もないままに、ノースダコタ州の最大の町、ファーゴに降り立った。

あとでマリオンさんからうかがった話だが、最大の町といっても人口十万人ほどで、本当にのどかなところであった。

ホテルには朝食がついていないので、どこかで食べてくれ、と言われ、さて、どこで食べようかと思い、ホテルのそばの、ブロードウェイという名前の小さな通りを一通り回ってみたところ、朝に開いていた店は一軒だけで、しかもその時間帯はBreakfast（朝食）というメニューしかなさそうだったので、迷う必要なく食べられた（図4・17）。

「どこに行ってみたい？」とマリオンさんから言わ

図4・18　ファーゴ近郊の草原.

れたものの、ノースダコタに関する知識がまるでないので、何も思い浮かばず、とりあえず、「自然が見たい」と伝えると。わかった、と言ってくださり、原っぱのような場所につれて行ってくださった（図4・18）。

ここでは、キク科のセイタカアワダチソウ *Solidago altissima* に形成されたミバエの一種 *Eurosta solidaginis* による虫こぶを見ることができた。このミバエに関しては、ノースダコタの東隣のミネソタ州にいらっしゃる Timoty P. Craig 博士らが精力的に研究されていて（たとえば Craig *et al.*, 2001）、一度実物を見てみたいと思っていたが、素手では割れないほど堅い虫こぶで驚いた（図4・19）。

マリオンさんや私といっしょに、オーストラリア人かニュージーランド人のとても気の弱そうなポスドクの人がいっしょに原っぱについて来てくれて、いろいろな話をした。Steak（ステーキ）がスタイク、など、「エイ」の発音が「アイ」になるので聞き取りづらかった。

図4・19　ミバエの一種*Eurosta solidaginis*によりセイタカアワダチソウに形成された虫こぶ．おそらく鳥により穴を開けられ，中のミバエ幼虫が食べられている．

私が草原に足を踏み入れて虫こぶを見ていると、そのポスドクが「スナイクがいるよ」と耳元でささやいてくれた。何かと思って足元を見ると、私の一歩先にヘビがいたので、「オー、スネイク」と言って足を引くと、「Oh, sorry, スネイク」とていねいに言い直してくれた。親切に忠告してくれたネイティブスピーカーの発音を無意識に訂正してしまった。

数日間の短い滞在ではあったが、マリオンさんにとても親切にしてもらった。この町の名前がタイトルになった「Fargo」という映画（一九九六年）があるから機会があったら観てね、とおっしゃっていたが、帰国後にＤＶＤで観たところ、コーエン兄弟によるその映画は、ファーゴの町の平和なのどかさとは相容れないほど血なまぐさい作品で、しかもファーゴの町じたいとはほとんど関係のない内容だった。

図4・20　アメリカ，メリーランド州にて．休日にガニエ夫妻に散策に連れて行っていただいた際に撮影．

スミソニアン国立自然史博物館

ファーゴからワシントンＤＣに隣接するメリーランド州へと移動し、ガニエさんの自宅にホームステイをさせてもらった（図４・20）。そして、そこからバスや鉄道を乗り継いでワシントンＤＣにあるスミソニアン国立自然史博物館に通って、博物館に保管されているタマバエ科ハリオタマバエ族Asphondyliiniのプレパラート標本をガニエさんのオフィスで一通り確認した。とくに、中南米原産で、アジアに生息していない属の標本を顕微鏡で重点的に調べ、細かい形態をスケッチする毎日だった。

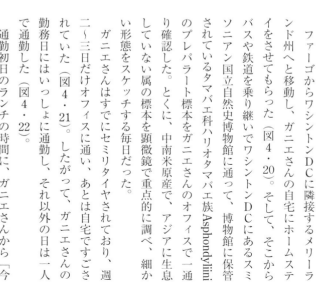

ガニエさんはすでにセミリタイヤされており、週二〜三日だけオフィスに通い、あとは自宅ですごされていた（図４・21）。したがって、ガニエさんの勤務日にはいっしょに通勤し、それ以外の日は一人で通勤した（図４・22）。

通勤初日のランチの時間に、ガニエさんから「今

図4・21　スミソニアン国立自然史博物館の標本庫にて撮影したガニエさん.

図4・22　スミソニアン国立自然史博物館にあるガニエさんのオフィス.

図4・23　顕微鏡でタマバエの形態を確認するガニエさん．

日の午前中の観察で何がわかった？」と聞かれた。初日の昼からいきなりそんな質問をされるとは想定しておらず、一通りどんな標本があるのかを確認しただけだったので、戸惑ってしまったのだが、「いいか、お前がここにいる時間は限られているんだから、標本を漠然と眺めていてはダメだ。必ず、一つひとつの標本を、目的をもって観察しなさい。そして、毎日、今日は何がわかったか、どんなことを疑問に感じたか、いっしょに議論しようじゃないか」と言ってくださった（図4・23）。

その日の夕方から、毎日の夕食の時間や、いっしょに通勤した日のランチの時間には、私が観察したことや疑問に思ったことを話し、ガニエさんがそれに応じて議論する、という日々が続いた。私にとって本当に有意義な時間であった。

スミソニアンの標本を確認できたおかげもあり、のちに日本産のハリオタマバエ族で、属の扱いをどうすべきか悩んでいた材料に関して研究を進めるこ

図4・24　タイ・チェンマイ近郊の畑にて昆虫を調査する一行.

とができた（Tokuda, 2004；Tokuda and Yukawa, 2006）。なお、本当はガニエさんに共著者に入っていただきたかったのだが、「アジアの材料はアジアの研究者の仕事だから、お前らが責任をもってやってくれ。その代わり、アメリカ大陸の材料は私が責任をもってやる」とおっしゃり固辞された。ガニエさんらしい言い分だなと思った。

タイのロンガンタマバエ

タイを訪れたのは二〇〇四年一月。同じく九州沖縄農研にいた頃だ。主として果樹害虫タマバエ類の調査を実施した（図4・24）。昔から、マンゴー *Mangifera indica* にはさまざまなタマバエによる虫こぶが形成されることが知られていた（図4・25）が、それにくわえて、ロンガン *Dimocarpus longan* の葉に形成されている虫こぶを見つけた（図4・26）。ちょうど、終齢幼虫、蛹の抜け殻、成虫を得るこ

図4・25　マンゴーの葉に形成された*Procontarinia* 属タマバエによる虫こぶ.

図4・26　ロンガンの葉に形成されたロンガンタマバエよる虫こぶ.

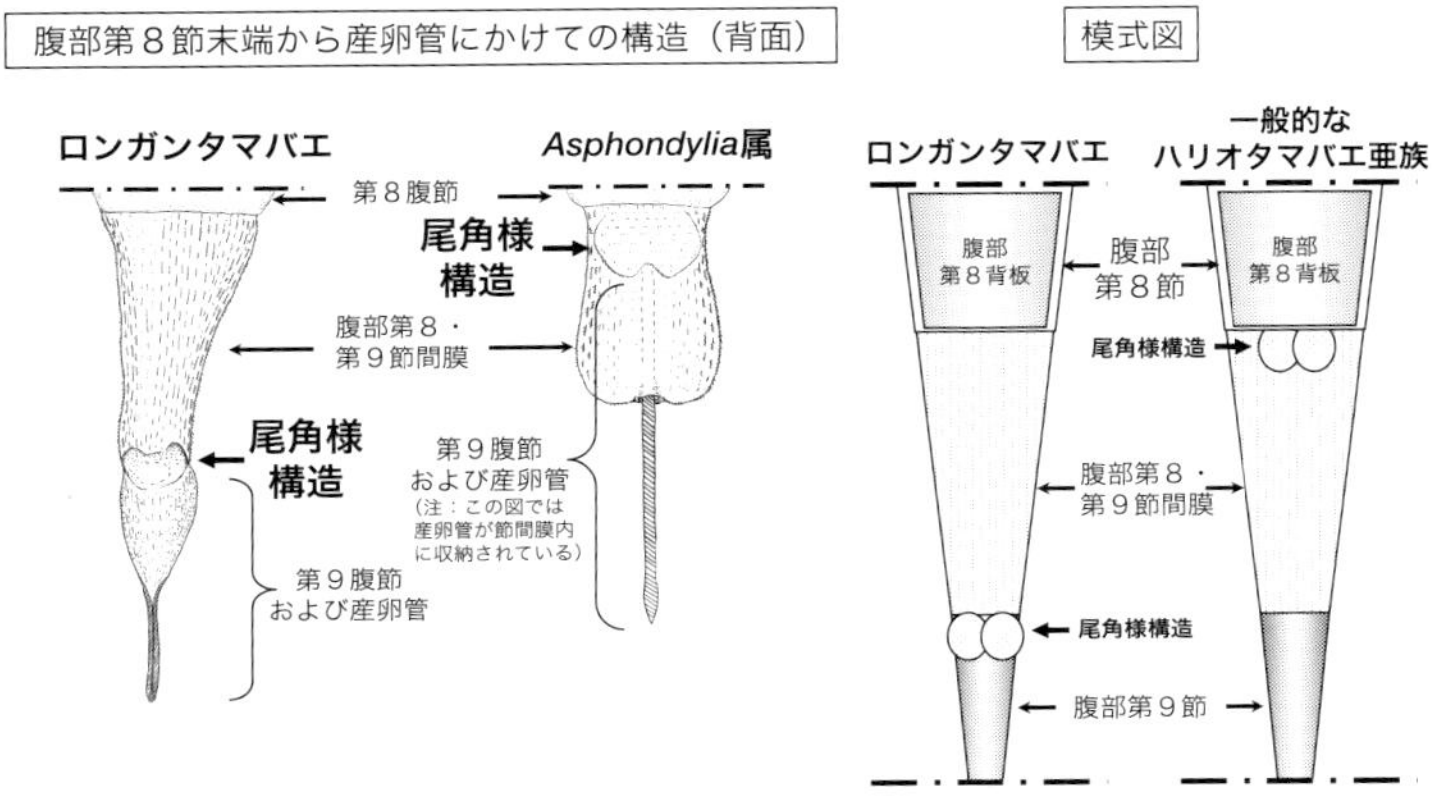

図4・27　ロンガンタマバエ属と一般的なハリオタマバエ亜族の産卵管付近の構造．一般的なハリオタマバエ亜族では尾角様構造（Cerci-like structure）が腹部第8節と第9節の節間膜の第8節側にみられるが，ロンガンタマバエの尾角様構造は節間膜の第9節側に存在している（Tokuda *et al*., 2008c を改変）．

とができた。このタマバエはメスの産卵管を含む腹部末端部の形状がひじょうに特徴的だった（図4・27）。それまで、タマバエ科の属は、主として旧北区や新北区、新熱帯区の種の形態的特徴に基づいて定義されてきていたが、今回見つかったロンガンのタマバエは、これらの定義ではどの属にも含めることができない種であり、日本やタイの共同研究者らとともに、新属新種のタマバエ *Dimocarpomyia folicola* として報告した（Tokuda *et al*., 2008c）。

第5章
謎の生活史と種分化のメカニズム

図5・1　薄葉 重先生.

薄葉 重先生と春のマジック

故・薄葉 重先生は、虫こぶに関する観察や研究を生涯続けられ、『虫こぶ入門［増補版］』（薄葉、二〇〇七）をはじめ、多くの普及書を出版された。先生は生粋のナチュラリストであり、虫こぶ形成昆虫だけでなく、さまざまな昆虫の生態に興味をもたれ、多くの研究者と交流があった。

私は大学院生の頃、関東で学会大会があった折に、一度だけ薄葉先生と虫こぶ採集にごいっしょさせていただいたことがあるが、先生の目のつけどころの鋭さには本当に敬服した（図5・1）。その後、私がポスドクとしてつくば市に住んでいた頃には、関東周辺で探したい虫こぶに関する情報を薄葉先生からたくさん教えていただいた。

『虫こぶ入門』には、さまざまな虫こぶ形成昆虫の魅力が軽快な文章で次々と登場するが、その冒頭を飾る昆虫は、エゴノキニセハリオタマバエ *Oxycephalomyia styraci*（＝*Asteralobia styraci*）であった。私が卒論で偶然取り組んだエゴツルクビオトシブミと同様に、エゴノキを寄主とする

図5・2　エゴノキニセハリオタマバエによりエゴノキの葉に形成された虫こぶ（エゴノキハツボフシ）.

昆虫である。薄葉先生は、本種の生活史が断片的にしか判明していないことを取り上げ、春に突如として出現するツボ状の虫こぶを「春のマジック」と例えられた。

大学院生の頃、福岡県久山町のエゴノキの調査地で、エゴノキニセハリオタマバエによる虫こぶを見つけたので、このタマバエの生活史の解明に取り組むことにした（図5・2）。

このタマバエの虫こぶは、春にエゴノキが芽吹く頃に顕著になるが、その頃には虫こぶの内部にはタマバエの終齢（＝三齢）幼虫や蛹が含まれている。それ以外の時期に、このタマバエがどこでどうしているのかは不明であった。そして、ちょうどゴールデンウィーク頃の一週間ほどのうちにすべての虫こぶからタマバエが羽化する。前述のように、虫こぶを形成するタマバエの寿命は短く、一日程度であるので、この羽化したタマバエがどこに産卵するのかを突き止めるためには、羽化日に現地で待ち構えて、成虫を追跡する必要がある（図5・3）。

幸いにも、二〇〇一年四月二十六日の夕刻に、メス成虫

図5・3　エゴノキの葉にとまるエゴノキニセハリオタマバエの成虫.

がエゴノキの腋芽《えきが》に産卵しているようすを確認することができた。そして、八月に腋芽を解剖すると内部にタマバエの一齢幼虫を確認することができた。二〇〇一年から二〇〇二年にかけて、定期的に腋芽を解剖した結果、このタマバエは、産卵されてから翌年の三月頃まで、およそ十ヶ月を一齢幼虫としてすごすこと、三月になると二齢、三齢、蛹と急速に成長すること、虫こぶがめだつようになるのは幼虫が終齢幼虫になる頃であること、虫こぶが形成される腋芽の部位は、ちょうど前年の産卵シーズンに展葉が終わっていた部分までで、その後に形成された腋芽には形成されていないことなどが明らかになった。

一年のほとんどを寝てすごすタマバエ

一連の結果から、このタマバエは年一世代で、エゴノキのみを寄主とするタマバエであると結論づけた。

昆虫は外温動物であるため、発育は周囲の温度に左右される。温度は高すぎても悪く（高温障害が生じるため）、低すぎると発育が止まってしまうが、一定の範囲内であれば、一般に、温度が高いほど速く発育する（Tokuda *et al.*, 2007）。タマバエの場合、至適な温度であれば、一、二ヶ月で卵から成虫まで発育することも可能である（徳田、二〇〇五）。しかし、年一世代のタマバエの場合、成虫の出現時期は年に一回だけであるため、産みつけられた卵が成虫になって羽化するのは一年後である。ふつうに発育すると早く成虫になりすぎてしまうため、一年のうちのある時期に休眠に入り、余剰な温度を「捨てる」必要がある。

エゴノキの葉に虫こぶを形成する多くのタマバエ（エゴタマバエ類）では、三月下旬から四月上旬に産みつけられた卵からふ化した幼虫は、五月下旬頃には終齢幼虫まで発育し、成熟した幼虫は虫こぶから出て来て地面へと移動し、地中にもぐる。そして、翌春蛹になるまでを、地中で休眠してすごすと考えられている（Tokuda *et al.*, 2006）。例えるなら、はじめの二ヶ月で宿題をすべて終わらせてしまい、あとの十ヶ月ほどは寝て暮らす生活だ。

対照的に、エゴノキニセハリオタマバエの生活史は、ふ化後の約十ヶ月を一齢幼虫として発育せずにすごし、翌春に急速に発育する。つまり、はじめの十ヶ月を寝てすごし、最後の二ヶ月で宿題を終わらせる戦略である。

多くの年一世代のタマバエは、このように特定の時期に急速に発育する。植物の葉などに形成された虫こぶはめだつ形状であるため、天敵である寄生蜂などに見つかりやすいという欠点もある。めだつ虫こぶ内にいる時間をなるべく短くするため、エゴタマバエ類は虫こぶを形成後速やかに発育し、成熟しだい虫こぶから脱出して土中に潜る。それに対して、エゴノキニセハリオタマバエは他のエゴタマバエ類とは異なり、メス成虫が針状の産卵管を有しているため、植物組織内に産卵することが可能である。成虫は腋芽（越冬芽）の中に産卵し、ふ化した幼虫は内部に初期の虫こぶを形成するが、腋芽は毛で覆われているため、虫こぶはめだたない

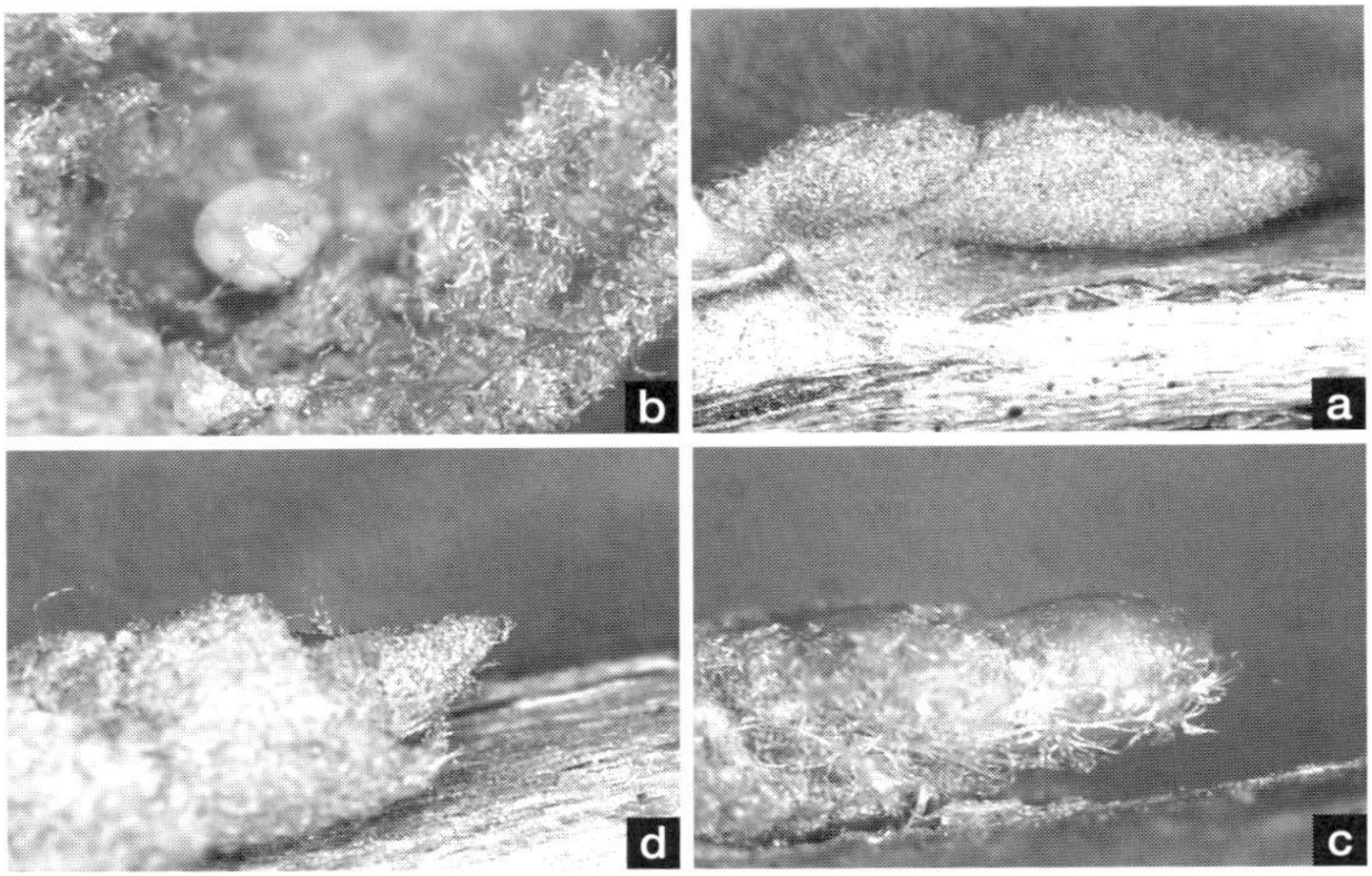

図5･4　a）エゴノキの越冬芽，b）越冬芽内の虫こぶの中に生息するエゴノキニセハリオタマバエの幼虫，c）越冬芽の中に形成されたエゴノキニセハリオタマバエによる初期の虫こぶ，d）正常な越冬芽の内部のようす（Tokuda *et al.*, 2004a より転載）.

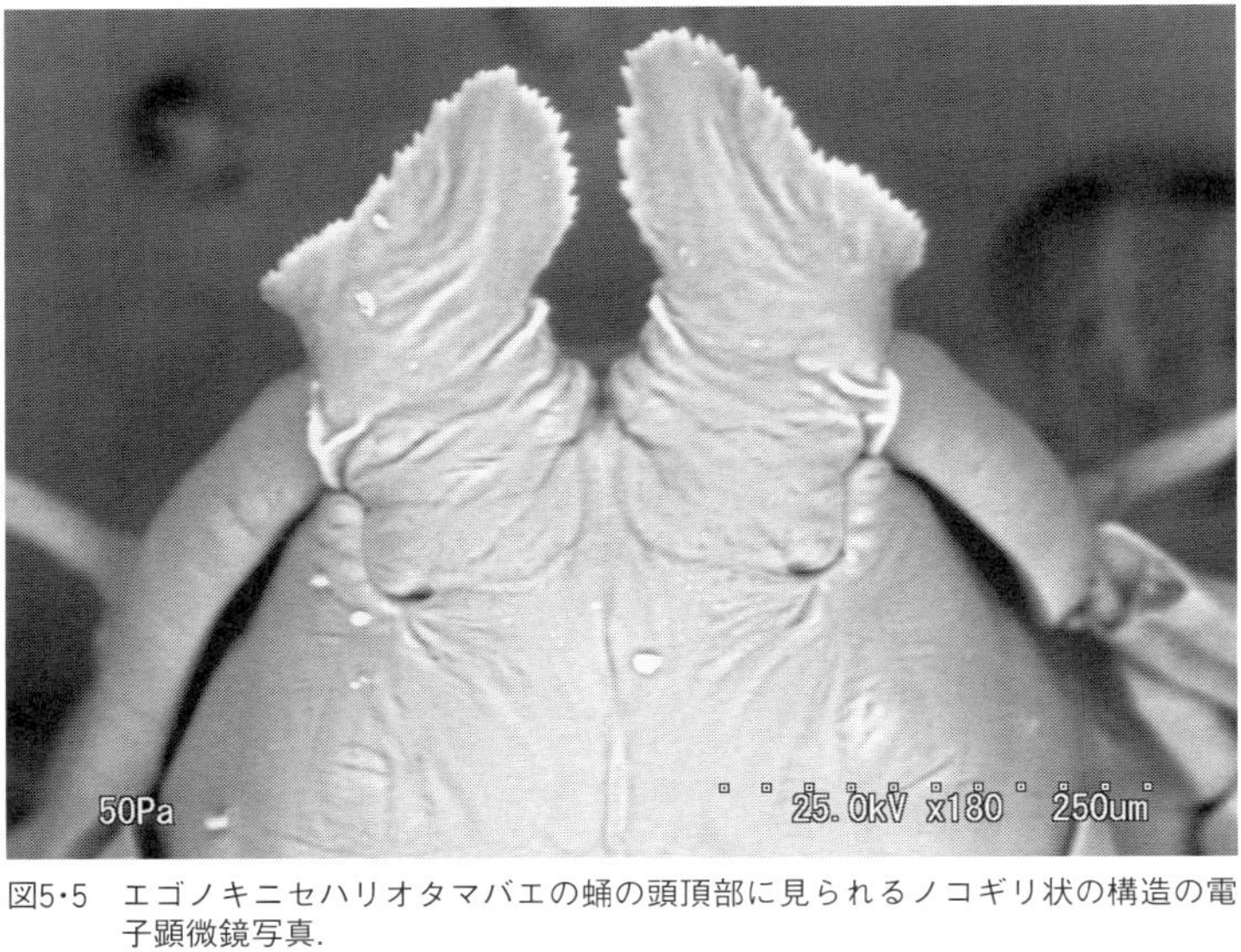

図5･5　エゴノキニセハリオタマバエの蛹の頭頂部に見られるノコギリ状の構造の電子顕微鏡写真.

（図5・4）。この初期虫こぶの中で約十ヶ月をすごすことにより、卵や一齢幼虫に寄生する早期攻撃型の寄生蜂から逃れ、新芽が展開する春に急速に発育することにより終齢幼虫などに寄生する晩期攻撃型の寄生蜂からも逃れているものと考えられる。

エゴノキニセハリオタマバエは、生活史のみならず、その形態もひじょうに特殊であった。幼虫は、多くのタマバエの終齢幼虫が有している胸骨と呼ばれる構造（これがあれば、タマバエの幼虫であると判断できる）をもたず、蛹は頭の上にまるで兜の飾りのようなノコギリ状の構造を発達させている（図5・5）。このような特徴から、本種は新属にすべきであると判断し、*Oxycephalomyia* という属を新たに設立した（Tokuda *et al.*, 2004a）。

季節ごとに植物を渡り歩くタマバエ

前述のように、多くのタマバエは、特定の植物種あるいは同属の近縁な数種の植物を寄主とする単食性や狭食性であるが、中には二つ以上の科の植物を寄主とする広食性の種も知られている（Tokuda *et al.*, 2005；Tokuda, 2012）。第3章で紹介したランツボミタマバエはその典型例である。それにくわえ、季節により異なる植物上に虫こぶを形成する例も知られている。この性質は寄主交替性と呼ばれ、タマバエ科ハリオタマバエ属 *Asphondylia* で知られている。ダイズの害虫としても知られるダイズサヤタマバエ *Asphondylia yushimai* は、夏季にはマメ科植物上の莢《さや》に虫こぶを形成するが、秋から翌春にかけてはバラ科のバクチノキ *Prunus zippeliana* やモクセイ科のヒイラギ *Osmanthus heterophyllus* の実に虫こぶを形成する。ノブドウミタマバエ

図5･6　ノブドウミタマバエによりノブドウの実に形成された虫こぶ（ノブドウミフクレフシ）.

図5･7　ノブドウミタマバエによりツクシヤブウツギ*Weigela japonica*の芽に形成された虫こぶ(ツクシヤブウツギメタマフシ).

図5・8　マタタビタマバエによりマタタビのつぼみに形成された虫こぶ（マタタビツボミフクレフシ；かつては実に形成された虫こぶと考えられていた．Tokuda and Yukawa, 2005を参照）．

Asphondylia baca は、夏の間ノブドウ *Ampelopsis glandulosa*（ブドウ科）の実に虫こぶを形成する（図5・6）が、秋から翌春にかけてはタニウツギ属 *Weigela*（スイカズラ科）植物の越冬芽に芽キャベツ状の虫こぶを形成する（図5・7）。このように季節により異なる植物を利用する性質は、アブラムシなどの昆虫ではよく知られているが、ハエ目ではタマバエ科のハリオタマバエ属でしか知られていない（Uechi *et al.*, 2004）。

生活史未解明のマタタビタマバエ

ハリオタマバエ属と近縁な *Pseudasphondylia* 属では、いまだに生活史が不明の種が複数知られている。マタタビタマバエ *Pseudasphondylia rokuharensis* は初夏にマタタビ科のマタタビ *Actinidia polygama* のつぼみに虫こぶを形成する。通常、マタタビの実はドングリのような形をしているが、このタマバエが寄生すると肥大し、ニンニクの球根部に似たような形状になる（図5・8）。この肥大した虫こぶは古くから漢方薬として利用されており（薄葉、二〇〇七）、日本ではマタタビ酒にも利用される。

これまでの研究から、このタマバエは五月頃にマタタビのつぼみに産卵し、秋に成虫が虫こぶから羽化してくることが明らかになっている。前述のように、虫こぶを形成するタマバエの成虫は短命であるが、秋にはまだマタタビの花芽は形成されていないため、どこか別の部位あるいは別の植物に産卵していると考えられる。マタタビの越冬芽内からも今のところタマバエは発見されていないため、本種もハリオタマバエ属と同様に寄主交替をしていると考えられているが、マタタビタマバエが記載されてから百年近く経った現在も、秋から翌春にかけての寄主植物は未解明である。

ミズキツボミタマバエの発見

私が大学院生であった二〇〇一年の五月頃、湯川先生が、農業環境技術研究所に名誉研究員として勤められたあとに静岡県伊東市に引っ越されたばかりであった桐谷圭治先生のもとを訪問された。桐谷先生は湯川先生の師匠にあたる方であり、私は桐谷先生からすると孫弟子にあたる（図5・9）。そして、お二人で桐谷先生のご自宅の近所を散策されているときに、ミズキ科のミズキ *Cornus controversa* のつぼみに形成された虫こぶを発見された（図5・10）。

湯川先生から九大にいた私に、ミズキの虫こぶが見つかったので宅急便で送ります、と電話がかかってきた。そして、届いた箱を開けてみるとちょうどタマバエの成虫が羽化してきているところであった。

図5·9　桐谷圭治先生．伊豆大島にて撮影．

図5·10　ミズキツボミタマバエによりミズキのつぼみに形成された虫こぶ（ミズキツボミミドリフシ）と，虫こぶに残されたタマバエの蛹の抜けがら．

このタマバエを観察すると、前述のマタタビタマバエと同じ *Pseudasphondylia* 属であることがわかった。五月頃に成虫が羽化してきて、かつ、*Pseudasphondylia* 属のタマバエであることが判明したため、ひょっとするとこのタマバエはマタタビタマバエと同種なのではないか、ついにマタタビタマバエの生活史を明らかにできるのでは、とおおいに期待した。

しかし、形態を詳細に比較すると、マタタビタマバエとの相違点がいくつか見つかり、DNA解析の結果からも両者は別種であることが明らかになった。そこで、本種を第一発見者の一人である桐谷先生に献名して、*Pseudasphondylia kiritanii* という新種として発表した（Tokuda and Yukawa, 2005）。

ミズキツボミタマバエはミズキの花房が形成される三月頃に産卵しているものと推察され、五月までミズキ上ですごし、羽化してくるが、それ以外の時期の生活史は未解明である。結果的に、マタタビタマバエの生活史が解明できるどころか、新たに未解明の宿題が一つ増えてしまう結果になった。

植物のつぼみや実、芽などに虫こぶを形成するタマバエでは、虫こぶがめだたず、まだ見つかっていない種が多数存在すると考えられる。この宿題がいつ解決するのかはまだ何ともいえないが、近年、全国各地で虫こぶに興味をもってくださる方が増えており、次々と新しい虫こぶが発見されている。また、分子生物学的手法を用いて、タマバエ成虫が育った寄主植物を明らかにする試みも実を結びつつある。これらの知識や技術を結集することにより、近い将来、*Pseudasphondylia* 属の生活史の全貌が明らかになり、この属でも寄主交替性をもつ種が確認されるのではないかと期待している（Tokuda, 2012 ; 徳田、二〇一四a）。

種分化のメカニズム

生きものに興味がある人は、多かれ少なかれ、生物の進化にも興味をもっているだろう。地球上の生物は、いったいどのようにして、多種多様になったのだろうか。これを知るためには、地球上で、新しい種がどのようにして誕生するかを明らかにする必要がある。つまり、種分化の研究に取り組む必要がある。

一九八〇年代頃までは、種分化は、地球上の生物が地理的に隔離されることにより生じると考えられていた（＝異所的種分化：コラム「異所的種分化と同所的種分化」参照）。一方、一部の研究者たちは、地理的な隔離がない条件下でも種分化が起こる可能性があると考えていた（＝同所的種分化）。ちょうど私が大学院生の頃、アメリカの研究者たちが、ミバエの一種 *Rhagoletis pomonella* の、リンゴを寄主とするリンゴ型とサンザシを寄主とするサンザシ型の間で同所的な分化が生じたのではないか、という研究をされていて、大きな注目を集めていた（Bush and Smith, 1998）。

私は、博士論文の研究のため、ハリオタマバエ族のさまざまなタマバエの調査をしていたが、そのなかで、イヌツゲタマバエ類 *Asteralobia* spp. の種分化のしくみに興味をもった。

イヌツゲタマバエは、日本産のタマバエの中ではかなり古くから知られていた昆虫であり、佐々木忠次郎博士が『日本樹木害蟲篇』（佐々木、一九〇一－一九〇二）の中で、モチノキ科のイヌツゲ *Ilex crenata* の芽に虫こぶをつくる害虫〝イヌツゲノ五倍子蠅〟として記録されている（五倍子は虫こぶの古い呼び方である）（図5・11）。それ以来、何名かの昆虫学者がイヌツゲタマバエ類について研究し、私がこのグループの研究に取り組み始めた頃には、イヌツゲとモチノキ科のモチノキ *Ilex integra* に虫こぶを形成するタマバエが *Asteralobia*

図5・11　イヌツゲタマバエによりイヌツゲの腋芽に形成された虫こぶ（イヌツゲメタマフシ）.

図5・12　ソヨゴタマバエによりモチノキの腋芽に形成された虫こぶ（モチノキメタマフシ）. 研究開始当初はイヌツゲタマバエによる虫こぶと考えられていたが, のちに形成者はソヨゴタマバエであることが判明した.

sasakii、同じくモチノキ科のソヨゴ *Ilex pedunculosa* に虫こぶを形成するタマバエが *Asteralobia soyogo* ということになっていた（図５・12）（Tokuda *et al*., 2002b ; 2004b）。

ただし、この二種のタマバエには、はっきりとした形態的な違いが見つかっていなかった。そのうえ、ナガバイヌツゲ *Ilex maximowicziana*、ナナミノキ *Ilex chinensis*、ヒメモチ *Ilex leucoclada* など、他のモチノキ科植物でも芽に同じような形状の虫こぶを形成するタマバエが見つかった。

これらのタマバエの多くは本州から九州にかけて同所的に分布していたため、種の同定とともに、同所的種分化の可能性について検討してみることにした。

ここで会ったが百年目、といえば、もうおしまいになるべきだが、私がこの研究に取り組み始めたのは、イヌツゲタマバエが初めて記録されてからちょうど百年目の二〇〇一年頃のことであった。

コラム　異所的種分化と同所的種分化

一般に、ある生物の種が進化の過程で二つの異なる種へと分かれていく場合、何らかのかたちで、両者の間の遺伝子の交流が断たれる必要がある。このような遺伝子の交流がなくなる機構の一つは、地殻変動などで大陸から島が分かれた場合などに生じる地理的な隔離である。そして、地理的な隔離によりある種が二つの異なる種へと分かれる場合を、異所的種分化という。それに対して、地理的な隔離をともなわず、同じ場所で成虫の出現時期などが変化することにより隔離される場合（生態が異なることによる隔離なので、地理的隔離に対して生態的隔離と呼ばれる）を同所的種分化という。以前は、同所的種分化が生じることは稀であり、多くの種は地理的隔離による異所的種分化により生じたと考えられていたが、近年では生態的隔離による同所的種分化の例も知られるようになっている（Rundle and Nosil, 2005他）。

イヌツゲタマバエ類の種分化機構

イヌツゲ、ソヨゴ、ナナミノキ、モチノキから得られたタマバエ成虫の形態を詳細に比較したところ、イヌツゲに虫こぶを形成するタマバエとそれ以外とで、明確に区別できることが明らかになった。さらに、ＤＮＡ解析の結果、イヌツゲ、ハイイヌツゲ *Ilex crenata* var. *paludosa*、ナガバイヌツゲに虫こぶを形成するタマバエが一つのグループにまとまり、ソヨゴやモチノキを含むそれ以外のモチノキ科に虫こぶを形成するタマバエが別のグループにまとまることが明らかになった。

また、福岡でイヌツゲのタマバエと、ナナミノキのタマバエが同じ場所に生息していたので、両者の成虫の羽化時期を比較することにした。さらに、私と同年代で、千葉大学に所属していた田渕 研君（現・東北農業研究センター）が、ちょうど当時、千葉県でイヌツゲのタマバエとモチノキのタマバエの研究をしていた（Tabuchi and Amano, 2003a ; 2003b ; 2004 他）ので、両者の羽化時期を調べてもらった。その結果、ナナミノキやモチノキのタマバエの羽化時期とイヌツゲのタマバエの羽化時期はズレており、前者の方が早いことが判明した。

一連の調査の結果、いわゆるイヌツゲタマバエ *Asteralobia sasakii* は、北海道から南西諸島まで広く分布しており、イヌツゲ、ハイイヌツゲ、ナガバイヌツゲを利用していること、ソヨゴ、モチノキ、ナナミノキなど、残りの植物を利用しているのはソヨゴタマバエ *Asteralobia soyogo* であり、分布は本州、四国、九州に限られることなどが判明した（Tokuda *et al.*, 2004b）。

そして、詳細は割愛するが、ＤＮＡ解析で明らかになった各種内の系統関係や遺伝的多様度の比較から、イヌツゲタマバエ類は地理的隔離により異所的に種分化し、もともとは南西諸島に分布していたイヌツゲタマバエが、ある時代に九州以北まで分布を拡大したことにより、結果的にソヨゴタマバエと同所的に分布するようになったと結論づけた（Tokuda *et al.*, 2004b ; Tokuda, 2012）。

コラム　虫こぶの化石

最古の虫こぶの化石は、石炭紀後期（ペンシルバニア亜紀、約三億年前）の木生シダの化石から見つかっており、完全変態昆虫によって形成されたものと考えられている（Labandeira & Phillips, 1996）が、幼虫室の構造や、内部に糞のような塊が確認されることから、タマバエによる虫こぶではないと判断される（タマバエによる虫こぶでは、幼虫室内に糞は見られない）。タマバエ科の化石は、白亜紀や第三紀（約一億年前から三百万年前）の琥珀の中から比較的よく見つかっているが、その多くは腐食性か菌食性の種であると考えられていた（Jaschhof, 2007）。ここでは、私も関わったタマバエ科によるものと考えられる虫こぶの化石について紹介したい。

ドイツで見つかった第三紀始新世の中期（約四千八百万年前）のクスノキ科植物 *Laurophyllum lanigeroides* の化石に、二種類の虫こぶが確認されたとドイツ人研究者から湯川先生のもとに連絡があった。そのうちの一つは第１章で紹介したシロダモタマバエによる虫こぶ（図２・23）とよく似ており、もう一つは第４章で紹介したタブウスフシタマバエ属が形成する虫こぶ（口絵４）とよく似ていた。そこで私たちは、これらの化石がタマバエ科による虫こぶである可能性が高いと考え、ドイツの研究者らと共同で論文を発表した（Wappler *et al.*, 2007）。

日本を含む東アジアや東南アジア、南アジアでは、多くのタマバエがクスノキ科植物に虫こぶを形成することが知られているが、現在のヨーロッパでは、クスノキ科植物に虫こぶを形成するタマバエは知られていない（Tokuda and Yukawa, 2007）。過去にはヨーロッパにもクスノキ科に虫こぶを形成するタマバエが存在していたとすると、現在のアジアで見られるタマバエとの関係はどうなのか、また、ヨーロッパでクスノキ科に虫こぶを形成するタマバエは、いつの時代にいなくなってしまったのか、など、興味深い疑問がいくつもわいてくる。これらは残念ながら未解明であるが、あらたな化石がみつかるなど、研究を進展させる機会があればぜひたずさわりたいと考えている。

第6章
植物をたくみに操る

図6・1　産業技術総合研究所構内．この付近でエゴノキの調査をしていた．

産業技術総合研究所

二〇〇四年四月、日本学術振興会の特別研究員として、つくば市の産業技術総合研究所（以降、産総研）の深津武馬博士の研究室に着任した（図６・１）。産総研では、エゴノネコアシアブラムシ *Ceratovacuna nekoashi* というエゴノキにバナナの房状の虫こぶを形成するアブラムシによる虫こぶ形成のメカニズムを明らかにする研究に取り組むことになっていた。

この研究は、もともと私がエゴノキのタマバエについて研究していたことから、深津さんが声をかけてくださったものだ。

深津さんは、現代生物学を牽引する俊英の一人であり、いわずと知れた昆虫と共生微生物に関する研究の第一人者である。現在もそうだが、当時の深津グループにも気鋭の研究者が多数在籍しており、研究室にはとても活気があった。アブラムシ類と共生微生物の研究を中心に取り組み、グループの家老的な存在だった古賀隆一博士、

図6・2　安佛尚志さん.

図6・3　陰山大輔さん.

キイロショウジョウバエ *Drosophila melanogaster* と共生微生物の研究に取り組まれていた安佛尚志博士（図６・２）、兵隊アブラムシの研究に取り組まれていた沓掛磨也子博士の他、ポスドクとして土田　努博士（アブラムシ類：現・富山大学）、陰山大輔博士（キイロショウジョウバエ：現・農業生物資源研究所）（図６・３）、そして私と同年代の今藤夏子博士（マメゾウムシ類：現・国立環境研究所）、細川貴弘博士（マルカメムシ類：現・九州大学）、さらに当時はまだ大学院生だった菊池義智博士（ヒルカメムシ類、ホソヘリカメムシ *Riptortus pedestris*：現・産業技術総合研究所）らが在籍しており、外部の所属ながら、二河成男博士、柴尾晴信博士、中鉢 淳博士らもしばしば研究室に来られていて、本当に錚々たるメンバーに囲まれたなかで研究に取り組むことができた。

通常、大学の研究室では、博士号をもっているのは教員数名だけであり、大学院生や学部生が多くを占めるのに対して、国立の研究所では一般的に学生はいない。しかし、深津さんが東京大学や筑波大学の教員を兼務されていたため、産総研の深津グループにはこれらの大学の学部生や大学院生も所属していた。毎週開催される研究室のゼミは、十数名の博士号をもつメンバーと数名の学生という、大学の研究室とは数が逆転した構成であり、しかも、とにかくレベルが高かった。

第8章で述べるように、私は現在勤めている佐賀大学に移るまでに六つの研究室に所属したが、研究室を運営するにあたり、もっとも強く影響を受けているのは湯川淳一先生と深津武馬さんのお二方である。

エゴノネコアシアブラムシ

産総研では、エゴノネコアシアブラムシの虫こぶ形成メカニズムに関する研究に取り組んだ。その概略を述べたい。

エゴノネコアシアブラムシは、その名のとおり、エゴノキに「エゴノネコアシ（エゴの猫足）」と呼ばれるバナナの房のような形状の虫こぶを形成する。「房」の一つひとつが少し短めで太めの虫こぶは、猫の足の平のようにも見えるため、こう呼ばれる（図6・4）。

このアブラムシは、エゴノキの腋芽を刺激して虫こぶを形成するが、何らかの原因で、虫こぶ形成の途中で

図6・4　エゴノネコアシアブラムシによりエゴノキの腋芽に形成された虫こぶ（エゴノネコアシ）．

アブラムシが死んでしまうと、その部分はバナナの房状にはならず、その代わりに花が咲く、という現象が知られていた。アブラムシが虫こぶ形成に失敗して咲く花は、正常な花の時期よりも遅く咲くため、エゴの遅れ花と呼ばれている（Kurosu and Aoki, 1990；深津・徳田、二〇〇五）。

エゴノキには花芽と葉芽があり、正常な花は花芽にしかつかない。一方、エゴノネコアシアブラムシが虫こぶ形成に利用する腋芽は、いわゆる葉芽であり、正常な発生過程では、この部分からは茎と葉が伸びてくるはずの場所である。

つまり、エゴノネコアシアブラムシは、茎と葉が伸びてくるはずの葉芽の発生過程で操作をくわえ、虫こぶを形成しているが、虫こぶ形成に失敗すると、その部分は花になるということである。

とりわけモデル植物であるアブラナ科のシロイヌナズナ *Arabidopsis thaliana* のゲノムが解読されて以降、植物における花形成のメカニズムに関する理解は急速に進展し、花芽の分化や花器官の形成に関わる遺伝子や発生過程でのそれらの発現動態が明らかになってきている。それらの研究から、花に関連する遺伝子が発現していない状態、つまり、花を形成する元になるものは葉であり、将来葉芽や葉になるべき部分に、さまざまな遺伝子が発現することにより、花芽や花器官が形成されるのである（後藤、一九九四）。

エゴの遅れ花という現象と、植物の花形成のメカニズムから考えると、エゴノネコアシアブラムシは何らかの方法でエゴノキの腋芽の発生運命を葉芽から花芽へと転換して虫こぶを形成していることが強く示唆される（深津・徳田、二〇〇五）。そして、私はこのメカニズムを明らかにするために研究に取り組んでいたのだが、残念ながらまだすべてのデータが揃っておらず、論文化に至っていない。

昆虫による虫こぶ形成メカニズム

マメ科植物の根に共生する根粒菌や植物に根頭癌腫と呼ばれるこぶを形成するアグロバクテリウム *Agrobacterium* など、微生物によるこぶ形成メカニズムの解明は進んでいるのに対して、昆虫による虫こぶ形成の全貌はいまだ明らかになっていない。ただ、微生物と昆虫による虫こぶ形成のメカニズムは根本的に異なっていると考えられている（徳田、二〇一一）。

たとえばアグロバクテリウムは、植物に感染すると、自身がもっている植物ホルモンを合成する遺伝子を植物の核DNAの中に組み込み、植物の代謝系を乗っ取って過剰にホルモンを合成させることによりこぶを形成している（Sakakibara *et al.*, 2005）。ちなみに、アグロバクテリウムによる遺伝子の導入機構は、遺伝子組み換えによる植物の品種改良などに応用されている。

一方、昆虫による虫こぶ形成には、こうした遺伝子導入のような機構は存在しておらず、昆虫が分泌する植物ホルモン様の物質が虫こぶ形成の引き金になり、いくつかの複雑な過程を経て虫こぶ形成に至っているのではないかと考えられている（湯川・桝田、一九九六）。実際、虫こぶ形成昆虫の体内には高濃度の植物ホルモンが蓄積しているという報告も知られているが、それを昆虫自身が合成したのか、それとも植物由来のホルモンを体内で濃縮したものなのかは近年まで明らかになっていなかった（鈴木、二〇一三）。

昆虫自身が植物ホルモンを合成する

昆虫自身が植物ホルモンを合成することを初めて明らかにしたのは、私も共著者の一人となっているYamaguchi *et al.* (2012) によるヤナギハバチ *Pontania* sp. を用いた研究である。この研究では、虫こぶから取り出したハバチの幼虫に安定同位体で標識した前駆物質を与えると、植物ホルモンの一種であるオーキシンを合成することが確認された。また、一般に虫こぶ形成昆虫は幼虫の摂食刺激がきっかけとなり虫こぶ形成が始まることが知られているが、ハバチの仲間はメス成虫による産卵刺激をきっかけに虫こぶ形成が始まる。春に羽化してきたハバチの成虫が産卵時に注入する卵台液を分析したところ、通常の葉の十五万倍もの高濃度のトランスリボシルゼアチンという物質を検出した。この物質は、植物体内に存在する酵素により、植物ホルモンのトランスゼアチン（サイトカイニンの一種）へと変換される物質であり、いわば、植物ホルモンの前駆物質である。虫こぶから脱出した越冬前の幼虫はこの物質をほとんどもっておらず、以後、羽化までは土中ですご

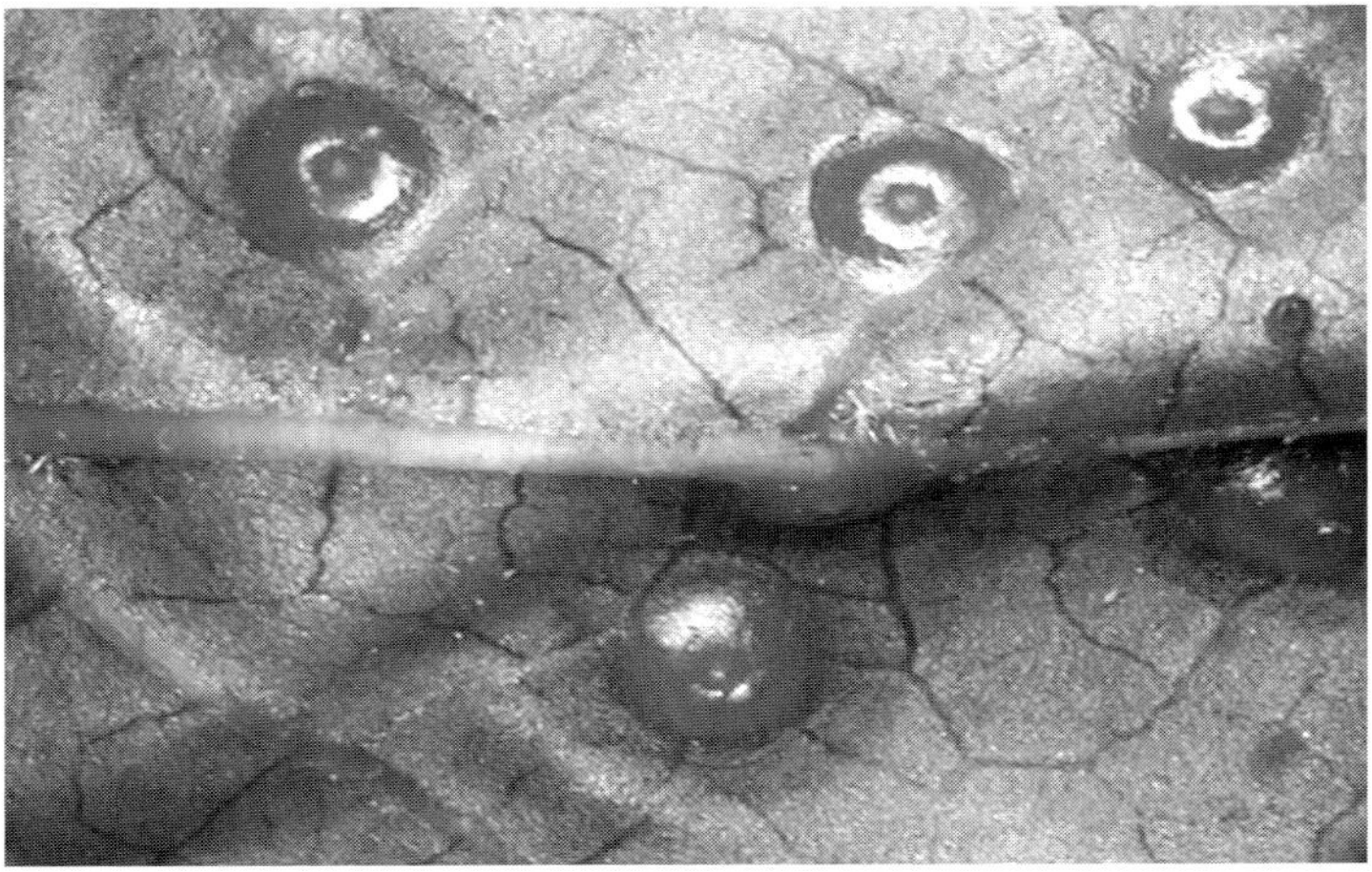

図6・5　エゴノキハイボタマバエによりエゴノキの葉に形成された初期の虫こぶ（エゴノキハイボフシ）.

すため、ハバチはまず間違いなく、サイトカイニンの前駆物質も自身で合成しているものと考えられている（鈴木、二〇一三）。

エゴノキハイボタマバエ

エゴノネコアシアブラムシの研究と並行して、それまで取り組んでいたタマバエの研究も続けていた。そして、エゴタマバエ類のうち、終齢幼虫の標本が手元になかったエゴノキハイボタマバエ *Contarinia* sp. が産総研の構内に多数生息していることがわかったので、ぜひ標本を得たいと考えた。

前述のように、エゴタマバエ類は早春にエゴノキの葉に産みつけられた卵からふ化した幼虫が急速に成長し、五月下旬頃には成熟して虫こぶから地面へと脱出する。しかしながら、エゴノキハイボタマバエはなぜか成長が遅いことはわかっていた（図６・５）(Tokuda *et al.*, 2006)。

図6・6　発育が完了したエゴノキハイボタマバエの虫こぶ.

そして、産総研で定期的に観察をした結果、このタマバエは落葉が始まる頃になりようやく発育しはじめ、落ち葉の上で驚くべき現象を引き起こすのだが、これもまだ学術論文にできておらず、残念ながらここでは詳しいことが書けないため、代わりにそれに関連する事象について紹介する（図6・6）。

昆虫や微生物の中には、植物細胞を延命する能力をもつものが知られている。カバノキの葉にマイン（潜葉）を形成するモグリチビガ科の一種 *Stigmella* 属の数種は、落下後の葉の中で、自身の周囲の植物細胞を延命させる（Engelbrecht *et al.*, 1969）。落ち葉の中で、ガの幼虫がいる周りだけが緑色のまま残っているので、この現象は〝Green island formation〟（緑島形成）あるいは〝Green island effect〟（緑島効果）などと呼ばれる（口絵10）。延命部分には、植物ホルモンのサイトカイニンが高濃度で蓄積しており、そのホルモンの存在下でインベルターゼというショ糖を果糖とブドウ糖に分解する酵素が活性化することにより、植物細胞の生存が保たれている（Lara *et al.*, 2004)。さらに、このサイトカイニンは、Green island formation を生じさせるホソガの一種 *Phyllonorycter blancardella* では、体内に生息するヴォルバキア *Wolbachia* という微生物が合成していることが示唆されている(Kaiser *et al.*, 2010)。

エゴノキハイボタマバエは、落ち葉の上でこれに似た現象を引き起こすのだが、そのメカニズムは、既知の Green island formation とはまったく異なっていることが明らかになってきている(徳田ら、未発表)。

次の行き先は

産総研での学振特別研究員の三年間の任期のうち、二年目がすぎた頃から、少しでも可能性がありそうな公募に応募しまくったものの、けっきょくどこにも採用されなかった。

じつは、一つだけ、最後の一人まで残って採用が内定したものがあるのだが、それについてはいろいろと支障があるので書けない、とも思ったが、まあ、日本語だし、この際書いてしまおう(笑)。

学振三年目を迎えた二〇〇六年、日本学術振興会の海外特別研究員に応募した。この本の中でも何度か登場した台湾のマンミャオさんに受入れ研究者になってもらい、タブウスフシタマバエ属の研究をするという計画だった。

そして、その年の夏頃だっただろうか、審査結果が書かれた書面が届き、開けた瞬間に「A」という大きな字が見えたので、一瞬採択されたのかと誤解してしまったのだが、残念ながらそれは不採択の通知であり、でも、不採択者の中では上位にいましたよ、という、いわば無意味なA判定であった。

というわけで、残念ながら不採択でした、とマンミャオさんに連絡したところ、残念だったね、という返信とともに、ちょうど今、うちの大学で教員を一人募集しているから応募してみれば、と勧められた。台湾なら願ったり、という気持ちで、さっそく応募することにした。

すると、トントン拍子に話が進んでいき、最終候補の二人に残りました、というお知らせがきた。私の中で、がぜん、台湾行きの気持ちが盛り上がってきた。

国際双翅目会議

ちょうどその頃、その年の九月に福岡で開催された国際双翅目会議に参加した。じつはこの時期は、エゴノキハイボタマバエの調査が鬼のように忙しい時期で、つくばから福岡に出発する直前の数日はほとんど寝る時間がとれないまま実験に没頭していた。そして、出発する日の朝五時頃までかかり、ようやく実験を一段落させて、徹夜状態で福岡入りした。学会発表の準備も手つかずのままだったため、データ解析用のノートパソコンを二台もっていき、空港や機内で発表用のデータの整理を進めた。

大会初日の夕方にウェルカム・レセプションがあり、その後、海外から集まった多くの知り合いたちとともに、夜の博多の街に繰り出して夜中までおおいに盛り上がった。

正直に言うと、私は明らかに寝不足だったうえに、発表準備もまだできていなかったので、この日は早々にホテルに引き上げて仮眠をとったり発表の準備をしたりしたい気持ちもあったのだが、海外でお世話になった方々が楽しみにしていた日本に来てくださり、彼らとの一期一会をおろそかにするのは私のポリシーに反する気持ちの方が勝ったため、ナチュラルハイの状態で、翌日以降のことは忘れることにして、とにかく楽しんだ。

この学会では、同年齢で仲が良かった宇津木 望君と同じ部屋に泊まっていた（正確にいえば、私がツインルームに宿泊していて、彼はそこに居候していた）。宇津木君と共に夜中にホテルに戻り、やれやれ、というところで、「じつは、ここ何日かほとんど徹夜で実験をしていて、発表準備がまだできていない」と彼に告げ、これからスライドを作るので、先に寝ていてくれ、と伝えた。「マジか。そりゃたいへんだな。あとどのくらいできてないんだ？ 俺も付き合ってやるよ」と言ってくれる宇津木君の傍らで、パワーポイントの新しいファイルを立ち上げ、講演予定のタイトルを書き込み始めると「え、まだできてないって、まだ仕上げができてないんじゃなくて、ホントに何もできてないの⁉」と、あの卓越したのんびり屋の望君から驚かれた。しかし、好きでこの状況になったわけではなく、本当に時間がなかったのだから仕方がない。

けっきょく、意識が朦朧とするなかで、（多分）いつも休養たっぷりの望君が的確にケアレスなタイプミスを指摘してくれたりして、夜な夜な講演用のスライド準備を進めた。

たしか、講演は会議三日目の午前中で、しかも、私はそのシンポジウムの取りまとめ役だった。これまでの人生の中で一番キツい状態での司会と発表になった（正直、あまり記憶に残っていないのだが、いちおう、無難にこなしていたようだ）。

この学会は本当にキツく、毎晩のように飲み会が続き、発表した日の夜も、シンポジウムの打ち上げなどで再び飲み歩き、やっとその夜中から、ある程度まとまった睡眠をとることができたはずである。

なお、この国際会議が終わってしばらくして、自分が円形脱毛症になっていることに気がついた。気持ちでは全然できると思っていても、身体の方は正直で、少し休んだ方が良いよ、と言ってくれているように感じた。

その後の人生でも、根を詰めすぎたときには発症する傾向があり、だんだんと、このくらい無理をしたら限界という線がわかるようになってきた。最近はなるべくその線を超えないように気をつけている。

驚愕の要求

さて、国際会議の話に戻ろう。

一難さってまた一難、ではないが、ようやく休養がとれ、リラックスして学会に参加していたやさき、ちょうど昼前後だっただろうか、休憩室でメールを確認してみると、教員のポストに応募していた台湾の大学の学系長（日本でいう学科長）から、背筋がゾッとするようなメールが届いた。

応募の際に提出していた論文五編の英文要旨を中国語に訳して、今日の夕方までにメールで送ってきてください、そうしないと審査の次のステップに間に合いません、というような内容が書かれている。

「なんじゃ〜、こりゃ〜！」

と「太陽に吠えろ」の松田優作（古い？）ばりに叫んだかどうか覚えていないが、そもそも、私は中国語会話ならある程度できるが、作文の勉強はほとんどしていないため、五編はおろか、一編の要旨すらも、きちんとした中国語に訳すのは不可能である。

あまりに唐突な連絡に、なす術もなく呆然としていたところ、私の目の前に笑顔の女神が降臨してきた。

マンミャオさんだ。マンミャオさんが、そのとき、私がいた休憩室に偶然入ってきたのだ。天はまだ、私を見捨ててはいないかもしれない。

と思うやいなや、笑顔のマンミャオさんを捕獲して手短に事情を説明し、学科長から送られてきたメールの文面を見せると、

「なんじゃ〜、こりゃ〜!」

と中国語で叫びはしなかったが、とにかく、これは通常の教員選考プロセスではありえない、こういった連絡は、締切に十分間に合うように早めに伝えるのが一般的な対応だ、と教えてくださった。

学科長が何を考えているのかわからないね、なぜ連絡を今までしなかったんだろうね、と言いながらも、その論文五編をすぐに見せるように言われ、その場で数時間をかけて、すべてを中国語に翻訳してくださった。

私はマンミャオさんの横にいながら、時間が刻々と経過していくなかで、何もすることができないもどかしさと戦いながら、ただひたすらに、締切までに間に合うようにと念じていた。

そして、なんとか要旨の中国語訳を締切時間までに学科長宛に送付することができ、首の皮一枚のところで、次のステップへと進むことができた。

そんなこんなで、いろいろあった国際双翅目会議は無事に閉幕し、台湾の教員ポストの方は、いよいよ最終段階へと進んでいくことになった。

ついに最終面接

現在の日本の一般的な大学教員の公募と違い、台湾では、最終面接に要する旅費を、面接を受ける本人ではなく、採用する側が負担するらしい。

それを知ったのは、あのドタバタ学科長から、面接に関するお知らせ、というメールが届いたからだ。

学科長によると、書類審査で残った候補者に来てもらい、これまでの研究や今後の展望などについてプレゼンをしてもらう、そして、質疑応答ののち、投票により最終候補者を一名に絞り込む、ただし、私は海外（つまり日本）にいて旅費がかかりすぎるため、もう一人の候補者にのみプレゼンと面接をしてもらい、その後投票を実施することにした、という連絡がきた。

そもそも、面接に呼ばれないということはプレゼンをする機会がないということで、その状態で投票になっても採用される見込みはないのではないかと思い、マンミャオさんに、自費で面接に行ってもいいですけど…みたいな連絡をした。

すると、マンミャオさんが学科長に聞いてくださったようだが、けっきょく、その必要はない、という結論になり、投票の日を日本で待つことになった。

結果発表

まあ、ふつうに考えると、面接に呼ばれた人が採用されるよな、とマンミャオさんのおかげで首の皮一枚繋がった公募の結果を、心の中で半ばあきらめかけていたのだが、人生は何がどう転ぶかわからない。

どうやら、もう一人の候補者のプレゼンや面接の評判があまりよろしくなかったようで、投票の結果、あなた（つまり私）を採用することに決まりました。という連絡がきた。

そこからやおら私の身辺は慌ただしくなり、数ヶ月後の年明け一月か遅くとも二月には着任して欲しいと言われ、研究室の名称を考えたり、担当する授業科目など諸々の連絡をとったり、交流協会（日本にある台湾の外交窓口：正式な国交がないので、この協会がいわゆる大使館のような役割をもつ）で就労ビザの手続きをしたり、次はいつ日本に帰ることができるかわからないため、古本屋で当時の読書量で約一年分に相当する文庫本五十冊ほどを購入したり、台湾への引っ越しの荷物整理を進めたり、大学院の授業は英語でもよいが、学部の授業は中国語でやってもらわないと困る、というメールがきたので、最初の半年は難しいかもしれないが、その次の学期からは中国語で授業します、と返信したり…と私の頭の中は台湾一色に染まっていた。

最後通牒

結末は、メールで静かにやってきた。たしか、ある木曜日の夕方遅くであった。あのドタバタ学科長からのメールであった。

学部と大学院の成績証明の英語版や、学位記のコピーなど、いくつかの書類を、翌週月曜日の夕方までに到着するように郵送してください、と書かれていた。

これは厳しいな、と思ったが、ここまでいろいろとやってきて、これが本当に最後の関門という気持ちもあったので、なんとかできるだけのことはやろうと必死であった。

ふつうに考えて、金曜日のうちに書類がすべて揃ったとしても、それから国際郵便で発送して、月曜日に先方に届けるのはきわめて困難であるし、そもそも英文の成績証明は、発行じたいに一週間ほどかかるうえ、発行されるのは福岡であるため、こちらに郵送してもらう時間も考慮に入れねばならない。

したがって、考えれば考えるほど、要求された書類を締切までに揃えるのは無理な話である。

私は、その要求に応えることがなぜ不可能なのかが明確に伝わるようにきわめて論理的なメールの文面で説明し、そのうえで、すべての書類を少しでも早く揃えるために最善を尽くすこと、そして、書類が揃いしだい、メールの添付書類として送付しつつ、すみやかに実物を郵送する旨を木曜日の夜に返信した。

そして、翌日はまさに戦場であった。朝一で出身大学の担当係に連絡して、事態が切迫している旨を説明し、英文の成績証明を大至急発行してもらうよう依頼するとともに、準備ができた書類をPDFにして次々とメールの添付書類で先方に送りつつ、その日のうちに揃ったものはもっとも早く到着する方法ですみやかに発送した。

土日をはさみ、月曜日も引き続き書類の準備を進め、英文の成績証明以外の書類はすべて送付できたし、成績証明に関しても、たしか、英文は間に合わなかったものの、日本語のものをとりあえずメール添付で送ったように記憶している。

金曜日から月曜日の夕方までの間、学科長からはいっさい返信がなかった。そして、月曜日の夕方、学科長から一通のメールが届いた。

期限までに書類が揃わなかったため、今回の人事は流れた。という、きわめて論理的な文面であった。

こうして、海外学振不採択から、数々の困難を綱渡りで乗り越えながら挑んだ台湾の大学の教員ポストへの挑戦は終わった。

私は二〇〇七年四月から、産総研に協力研究員として引き続き在籍させてもらうことになった。無給の肩書きだけのポジションで、実質的には、この年の六月から農業生物資源研究所の特別研究員に採用されるまでの二ヶ月間、私は人生初の浪人生活を経験した。

海外でのポスト

のちにマンミャオさんが教えてくださったが、学科長は、外国人教員の採用を時期尚早と考えており、独断で人事を流したとのことであった。学科の他の教員たちはすっかり私が着任すると思い込んでいて、人事が流れたあともそのことを知らされておらず、マンミャオさんに「彼はいつから台湾に来るんだ？」と質問された、と言われていた。

当時の私は、台湾に就職できなくて残念だという気持ちがもちろん強かったのだが、嘆いてもダメになったものは仕方がないし、これはやっぱり国内で就職しろという運命のようなものかな、という気持ちももっていた。

また、前述のように博士課程在籍中に学振特別研究員に応募した際のトラブルの経験もあったので、ある意味、こういった事態に対する耐性もついていた。

仮に台湾に就職した場合、実際のところは何も聞いていなかったが、給与はおそらく日本より低い水準であるだろうし、向こうの大学は一人が一つの研究室を運営するかたちであるため、毎年のように研究室に学生が来ると、状況的にも私の性格的にも、ひょっとすると定年まで日本には戻れないのではないかと漠然と考えていた。

日本国内での異動であれば、進学のタイミングなどでいっしょに来たい学生がついてこられる見込みもあるが、仮に台湾で勤めていて、次の行き先が日本に決まった場合、みんな日本について来い、とおいそれとはいえないため、結果的に、学生たちを置き去りにする必要がある。これは私にとって、考えただけでも心が張り裂けそうで、少なくとも今の私には堪えられないことである。

また、仮に定年後に日本に帰ることを考えるとすれば、台湾の給料の中から日本の年金なども払い続ける必要があるだろうし、私が大学院生のときに借りていた奨学金は、もし日本の研究機関などに一定期間勤めれば返還が免除になるはずだったのだが、海外の研究機関は対象とならないため、全額を返済することにもなる。

さらに、研究のための競争的資金の応募に関しても、日本なら日本語で書いて申請できるが、台湾に行けば、中国語か、あるいは英語で申請しなければならないはずで、こういった点を考えると、海外での研究生活には、金銭的にも、環境的にも、多くのハードルが存在している。

近年は、海外の研究機関で常勤のポストを得ている日本人もある程度の数がいる。私は残念ながらそれを実現できなかったが、そういった環境の中で懸命かつ意欲的に研究を続けられている方々を見ると、いつも心の中で敬服の念を抱いている。

第7章 新たな地平へ

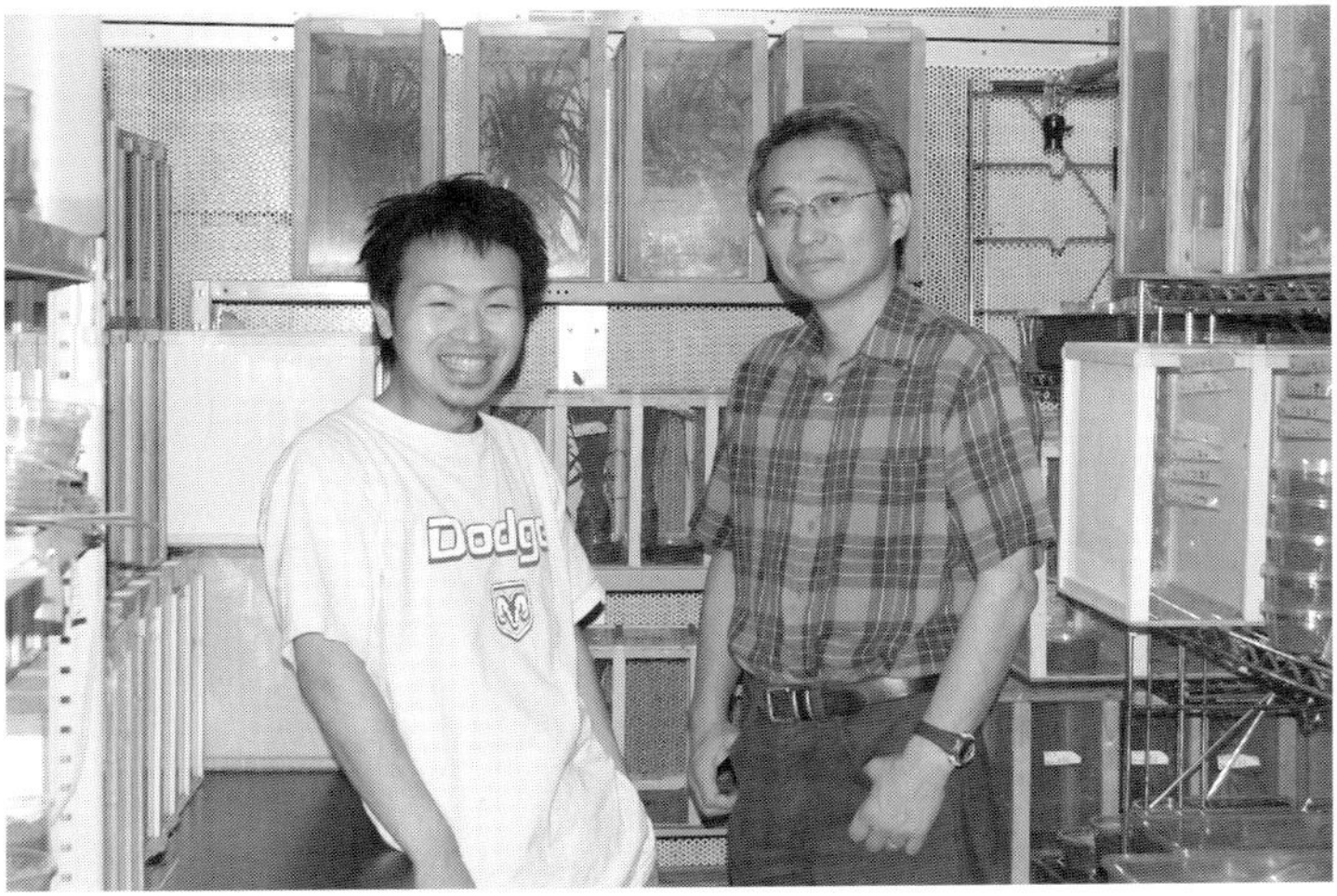

図7・1　田中誠二さん（右）と前野浩太郎君（左）．農業生物資源研究所のバッタ飼育室にて．

世界のトノサマバッタ

日本学術振興会特別研究員の任期が切れたあと、縁があって農業生物資源研究所（以降、生物研）の田中誠二博士の研究室で特別研究員（ポスドク）をさせていただくことになった。生物研にいたのは二〇〇七年六月からのわずか十ヶ月であったが、とても密度の濃い十ヶ月だった。

当時の田中誠二さんの研究室には、博士課程の大学院生の前野浩太郎君（現・国際農業研究センターの前野ウルド浩太郎博士）が在籍しており、村田未果博士（現・食品総合研究所）と私が田中さんの研究室でポスドクとして雇用され、トノサマバッタ *Locusta migratoria* を扱った研究に取り組んだ（図７・１）。週三日の草刈りと三十度の飼育室での週三日の餌やりは、とても良い運動になり、深く短い睡眠時間でも目覚めがよく、私の研究者生活のなかで、もっとも健康的に生活していた期間であった（図７・２）。

図7・2　トノサマバッタの室内累代飼育のようす.

図7・4　サバクトビバッタを撮影する前野浩太郎君.

図7・3　サバクトビバッタの成虫.

トノサマバッタやサバクトビバッタ *Schistocerca gregaria*（図7・3）の基礎知識や飼育のようす、当時取り組んでいた研究に関する詳細は、前野君（図7・4）の名著『孤独なバッタが群れるとき』（前野、二〇一二）に譲るとして、ここではごく概略のみを示すが、これらのバッタは、生育密度に応じて体型や体色、行動を変化させる相変異という現象を示す。低密度で育つと孤独相と呼ばれる、近所の野原でよく見かけるいわゆるトノサマバッタになり、高密度で育つと、テレビのニュースで「バッタの大発生」として見かけるような集団で長距離飛翔する群生相と呼ばれるバッタになる。誠二さんの研究室では、トノサマバッタやサバクトビバッタの成虫期の密度が次世代の卵サイズに及ぼす影響や、群生相と孤独相の幼虫の行動を定量化する研究に取り組んでいた。また、私がそれまでに培ってきた分子系統学的な知識を活かして、世界のトノサマバッタ個体群の系統に関する研究にも取り組んだ（Tokuda *et al.*, 2010a）。

宮古島のケブカアカチャコガネ

あれは二〇〇七年の忘年会のときだっただろうか。誠二さんの盟友、若村定男博士（現・京都学園大学）から、年明けに宮古島でサトウキビの害虫として問題になっているケブカアカチャコガネ *Dasylepida ishigakiensis* の調査に参加しないか、と声をかけていただいた。私は南西諸島では、沖縄本島と石垣島、西表島にしか行ったことがなかったこともあり、二つ返事で参加を希望した。

ケブカアカチャコガネは二年一世代の昆虫で、一生のほとんどを土中深くですごす（図7・5）。地上に出現するのは、一月下旬から二月上旬頃の日没前後のみ。どの日に出現するかは気象条件しだいと考えられており、この時期の比較的暖かい日のみに出現することが知られていた。暖かい日には、日暮れ前後に成虫が土中から出現して、交尾をおこなう。メス成虫は一生のうち一度しか交尾しないと考えられており、ある日の夕方に出現して性フェロモンを放出し、オスを惹きつける。交尾が終わると、翌朝までに土中に潜り産卵する。つまり、二年間のうち、地上に現れるのはメスの場合わずか一日、オスでもわずか数日に限られるのだ。

また、宮古島は水源が乏しく、地下水を上水道として利用している。そして、被害が出ているサトウキビ畑

図7・5　サトウキビ圃場の土を入れた容器の中から表面に顔を出すケブカアカチャコガネの成虫.

やその周辺の地下水も利用されているため、農薬の散布は難しい。そもそも、地面深くにまで確実に届く農薬も限られているため、幼虫期の防除は困難をきわめる。

そこで本種の防除には、一月下旬から二月頃の成虫の出現時期をターゲットにする必要がある。

ちょうど私が生物研にいた二〇〇七年から二〇〇八年頃は、若村さんたちが本種の性フェロモンを同定された時期であった。そして、運良くこの年に、現地でフェロモン剤の誘引試験を実施することになっていた（図7・6）。年に何世代も繰り返す昆虫や、室内で飼育しやすい昆虫の場合、年に何度も試験を実施できるが、ケブカアカチャコガネの場合、一世代に二年間かかることもあり室内での飼育は難しい。したがって、試験ができるのは年に一度、この時期のみである。

私たちは、二〇〇八年一月に宮古島に赴いた。若村さんは、通常は何度か分けて実施する規模の複数

図7・6　宮古島のサトウキビ圃場でケブカアカチャコガネの成虫の出現時刻を待つ.

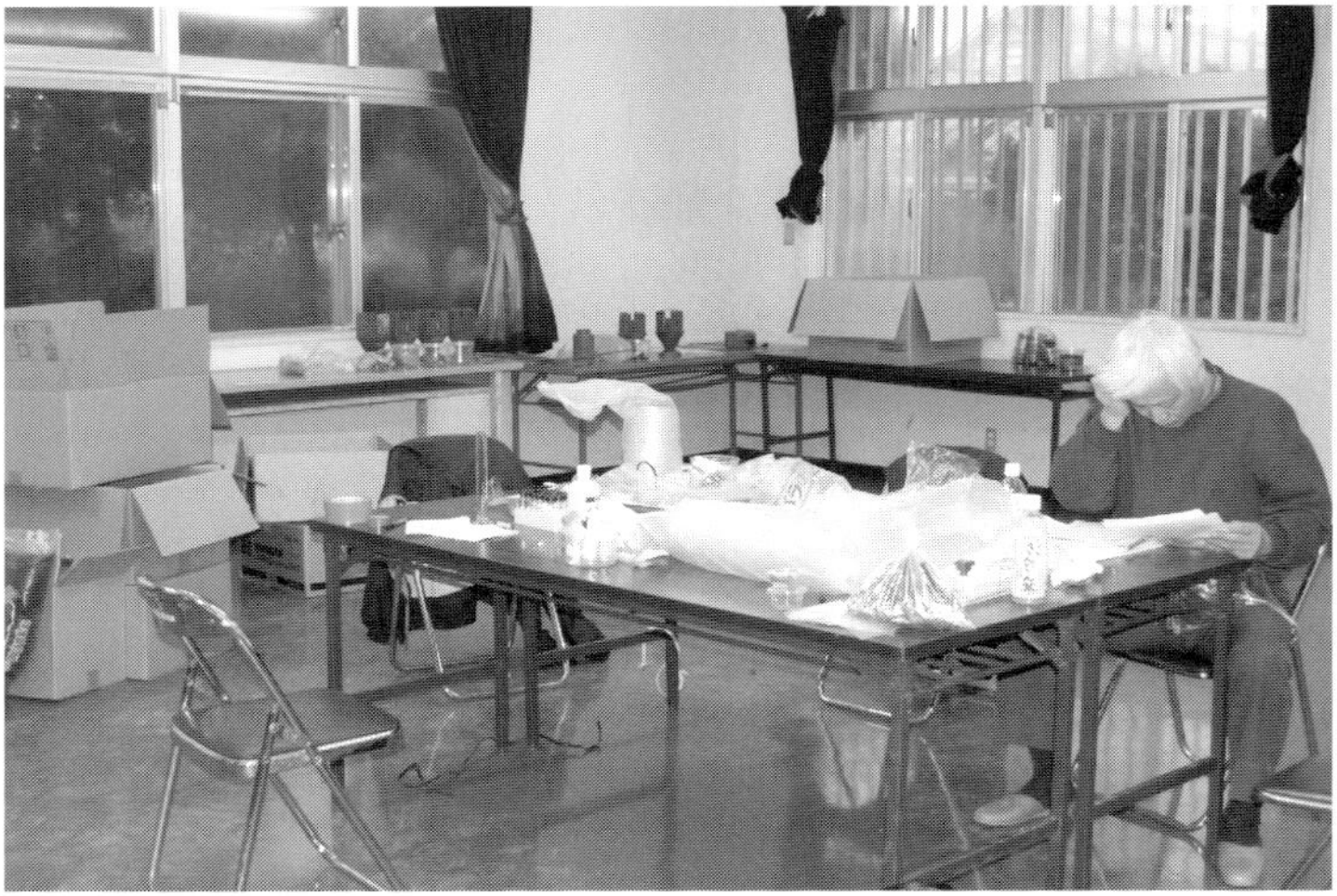

図7・7　宮古島の試験場で頭を抱えながら(？)実験計画をつめる若村定男さん.

の試験を、今年の出現シーズンにいっきょにやってしまうべく、文字どおり頭をかかえて日々計画を練り続けておられた（図7・7）。幸いに私たちの滞在中にある程度の数のケブカアカチャコガネが出現してくれたこともあり、一連の調査を無事に遂行することができ、後に若村さんが中心となり論文としてまとめられた（Wakamura *et al.*, 2009）

オス成虫の行動制御要因は？

一連の調査の過程で、性フェロモンを仕掛けたトラップには大量のオス成虫が誘引された（図7・8）。せっかくなので、このオスを使って何か調べませんか、という話になり、私が中心になり取り組ませていただくことになった。

現地で観察していると、ケブカアカチャコガネの成虫は、暖かい日の夕方になると、土中から地表面まで上ってきて、地面から顔だけを出して待機するような行動を示すことがわかった（待機行動）。そして、薄暮の時間帯になると地上に出てきて歩き出し、飛び回ってメスを探索する（歩行・飛翔行動）。メス成虫と交尾したあとは、翌朝までに土中へと潜る（潜伏行動）。

成虫がどのような条件のときに出現するかが防除のカギとなるため、私は、待機・歩行・飛翔・潜伏行動が、どのような要因によって引き起こされるのかを明らかにしようと考えた。

実際の実験は、つくばの農業生物研の研究室に戻ってから実施した。引き続き宮古島に滞在されていた若村さんらが大量のオス成虫を郵送してくださった。そして、プラスチック容器に土を敷き詰め、その中に十匹ず

図7・8　サトウキビ圃場に設置されたケブカアカチャコガネのフェロモントラップ.

つのオス成虫を導入して、さまざまな温度条件や光（日長）条件にさらし、どれだけの成虫が、どのタイミングで待機行動や潜伏行動を示すかを調べた。

その結果、この時期の宮古島の最高気温に近い二十度の条件では、ほぼすべての個体が待機行動を示したのに対して、十六度ではほとんど示さなかった（図7・9）。また、十八度では、前日の温度処理の影響を強く受けることが判明した。前日が十六度だったときには、十八度でも多くの個体が待機行動を示したのに対して、前日が二十度だった場合には、ほとんどの個体が地面まで上がってこなかった。現地での観察結果とも合わせて考えると、温度が二十度まで上がった日には、前日までの気温に関わらず成虫の出現が期待されるのに対して、十八度ほどまでしか上がらなかった日は微妙で、しばらく寒い日が続いたあとであれば出現する可能性が高いが、暖かい日が続いたあとなら出現する可能性が低いと考えられる。また、潜伏行動に関しては、光が強く影響しており、くわえて、時間経過の影響もあることが判明した。つまり、明るくなると地面に潜るが、そ

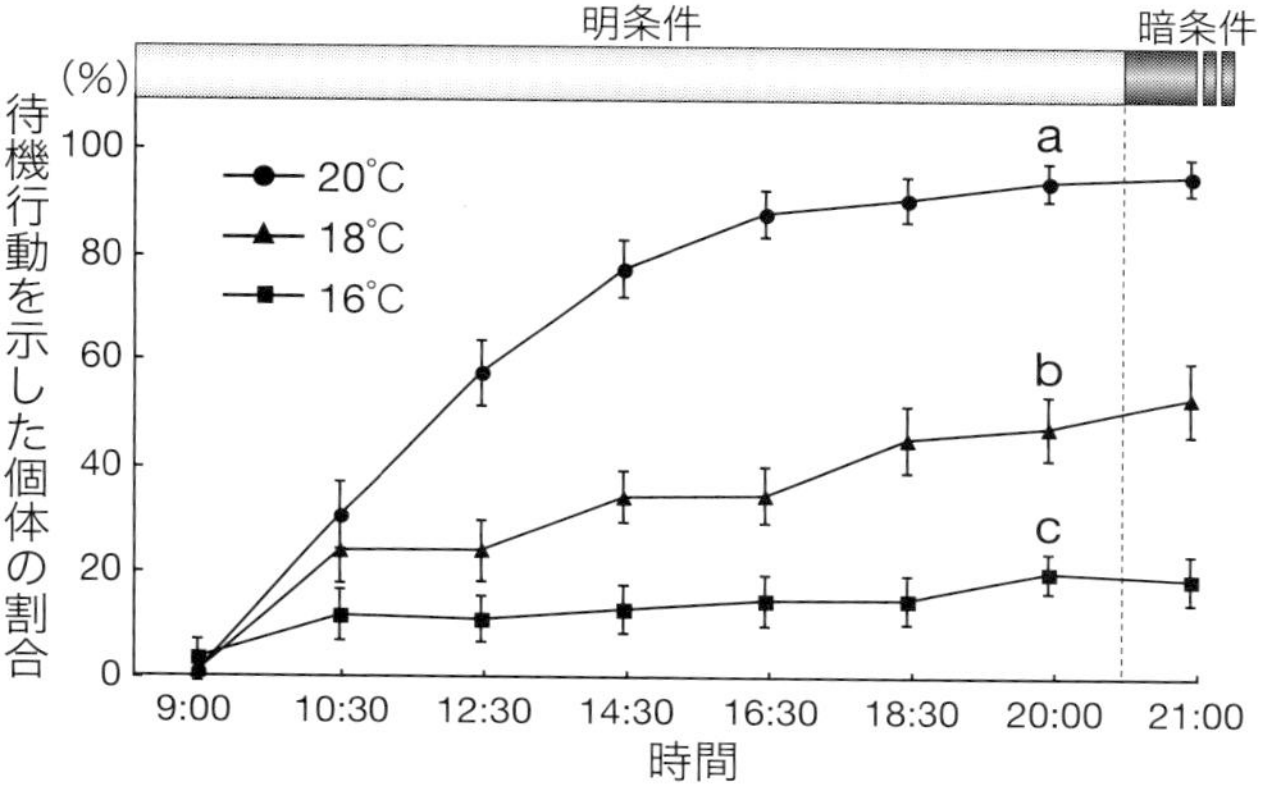

図7・9　異なる温度（16℃, 18℃, 20℃）で維持した際に待機行動を示すケブカアカチャコガネのオス成虫の割合．エラーバーは標準誤差．20:00時点の待機個体率に異なるアルファベット間で有意差あり（Tukey-Kramer test, $P<0.05$）．温度が高いほど，日没（明条件から暗条件への切り替わり）にかけて待機行動を示す個体の割合が増加する（Tokuda *et al*., 2010b を改変）．

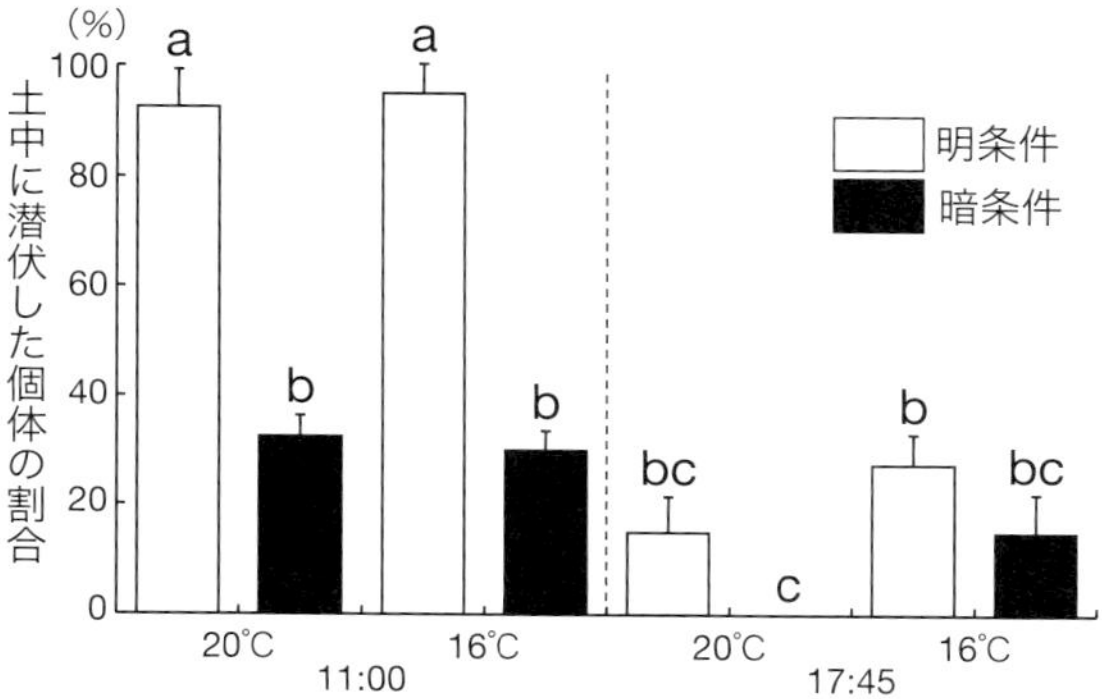

図7・10　時間経過と光および温度がケブカアカチャコガネのオス成虫の潜伏行動に及ぼす影響．エラーバーは標準誤差．異なるアルファベット間で有意差あり（Tukey-Kramer test, $P<0.05$）．つくば市の自然日長条件下（実験時の日の出は6:15頃，日の入は17:30頃）において，16℃で1週間維持したオス成虫を，11:00あるいは17:45に，16℃または20℃に移動して土中から掘り出し，明条件または暗条件下で30分以内に潜伏した割合を調査したもの．午前中は温度にかかわらず，光条件下で潜伏する割合が高く，夕方は午前中に比べ全般的に潜伏する割合が低い．また，夕方は温度が高い方が潜伏する割合が低い傾向が見られる（Tokuda *et al*., 2010b を改変）．

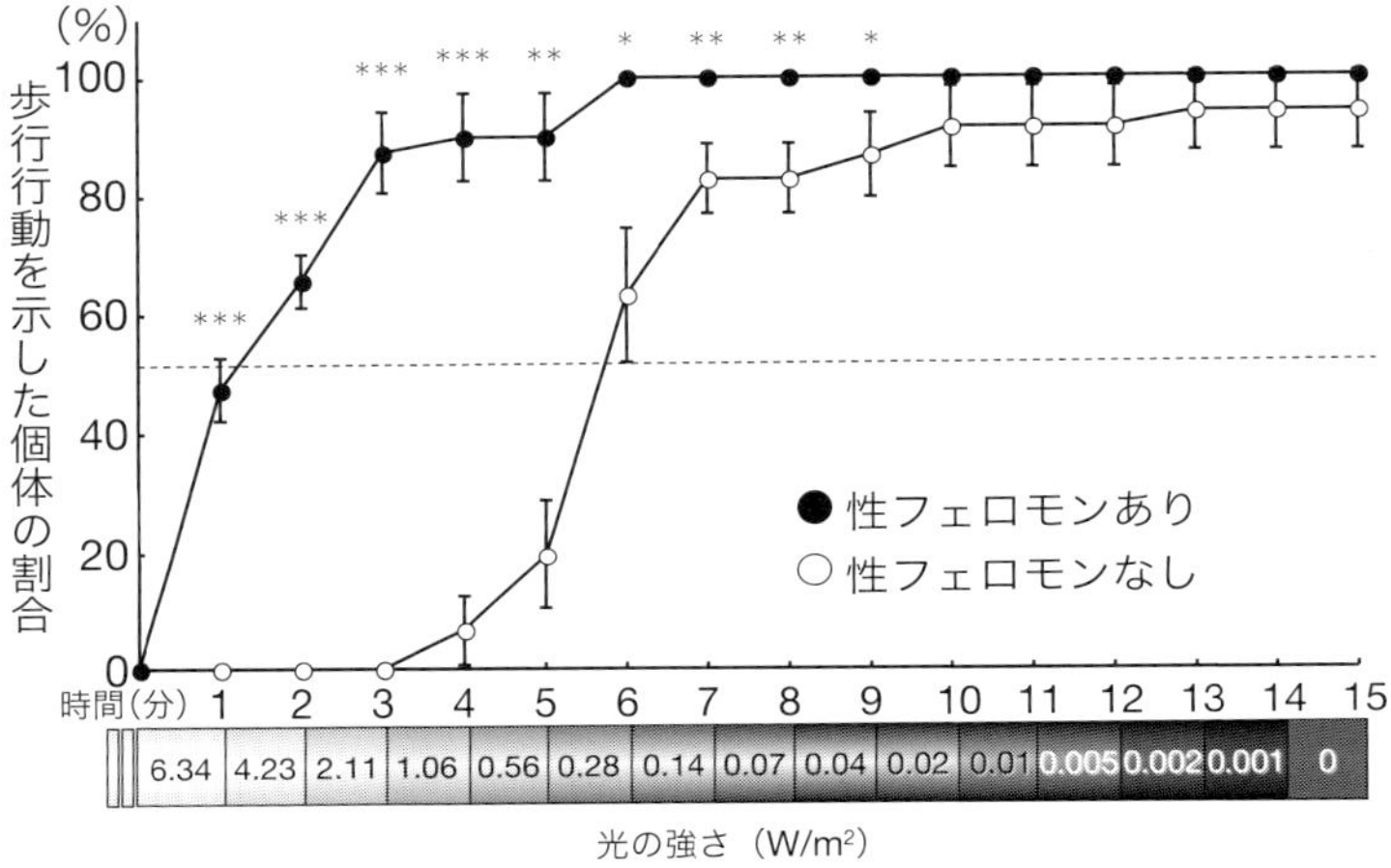

図7・11　性フェロモンと照度低下が隊旗中のケブカアカチャコガネのオス成虫の歩行行動に及ぼす影響．エラーバーは標準誤差．*印は同時刻のフェロモンあり・なし間で有意差があることを示す（分散分析；$^*P<0.05$, $^{**}P<0.01$, $^{***}P<0.001$）．20℃で維持し，多くのオス成虫が待機行動を示していた夕方に，性フェロモンありおよびなしの条件下で照度を1分ごとに低下させた場合に歩行行動を示すケブカアカチャコガネのオス成虫の割合を示したもの．性フェロモンありの条件下では，フェロモンを提示後1分以内に約半数の個体が歩行行動を開始しているため，照度の低下はなくとも性フェロモンの刺激だけで歩行行動が誘発されることがわかる．一方，性フェロモンなしの条件下でも，照度低下に伴って徐々に歩行行動を示す個体の割合が増加し，10分後には両者の有意差はなくなったことから，照度低下だけでも歩行行動が誘発されることもわかる（Tokuda *et al.*, 2010b を改変）．

れだけでなく、朝に明るくすると潜るが、出現時間に近い夕方から光にさらしてもほとんど潜伏しなかった（図7・10）。

さらに、野外では薄暮の時間帯に見られる歩行・飛翔行動は、性フェロモンの存在が強く影響しており、この時間帯にフェロモンをかがせると、照度低下が見られなくてもこれらの行動を示す個体が見られた。一方、照度低下じたいも大きな影響があり、暖かい条件下ではフェロモンをかがせなくとも、照度が低下するとほとんどの待機個体が歩行・飛翔行動を示した。そして、フェロモンと照度低下の両方の条件が揃うとほぼすべての個体がすぐに反応して歩行・飛翔行動を示した（図7・11）。

実験に明け暮れ、そして明ける

温度をさまざまに変化させた場合、オス成虫がいつ待機行動を示すかという実験は、四時間おきに容器の中の待機個体の数を確認する必要があり、しかも、処理区により、ある時間帯から別の温度区に容器を移動させる作業も必要なため、これらを間違えないように、確実にこなすには一時間近くの時間がかかった。したがって、実質的には三時間の空き時間プラス一時間の確認時間を繰り返す生活を何日も継続する必要があった。

朝九時前後に確認したあとで午前中はずっとトノサマバッタの餌換え、昼食後の十三時前後に確認したのち、午後は他の実験、十七時前後に確認したのち、実験の続き、夕食、そして論文執筆など、二十一時前後に確認したのち、一次帰宅してシャワーを浴びて、夜中に再出勤して午前一時前後に確認、そして、研究所の休憩室のような和室で仮眠をとり、午前五時前後に確認、そしてまた仮眠をとり、間もなく「出勤時間」が来て……という生活であった。なお、光条件も制御しての実験で、夜間はケブカアカチャコガネを光にさらすことができないため、昆虫には見えにくい赤色光の懐中電灯をつかって、暗い部屋で容器の番号を一つひとつ確認しながら作業した。

三日目くらいになるとさすがにキツくなってきて、前野君が途中の確認作業を代わりに担当してくれたため、少しまとまった睡眠をとることができたり、という思い出もあるが、文字どおり、実験に明け暮れ、そして明けた、という、本当に充実した日々であった。

一連の結果は、Tokuda *et al.*（2010b）として発表することができた。また、私の後任として誠二さんの研究室にポスドクとして着任した原野健一博士（現・玉川大学）が翌年に追加のデータをとってくださり、それらは Harano *et al.*（2010）および（2012）として発表した。ケブカアカチャコガネに携わったのは二〇〇八年一月中旬から三月までのわずか二ヶ月半であり、しかもトノサマバッタの研究と並行して、いわばサイドワークのようなかたちで取り組んだ内容であったが、前述の若村さんらによる論文も含め、筆頭著者で一本と、共著者で三本の論文を発表できた。

コラム　羽田発つくば行きの高速バスでの出来事

誠二さんと二人で宮古島から羽田空港経由でつくばに戻る際、羽田からつくば行きの高速バスに乗り込み、出発を待っていると、偶然にも見慣れた顔の方が乗車してこられた。

九州大学農学部育種学教室の安井　秀先生だ。安井先生は、イネのヨコバイに対する抵抗性の研究をされている。バスは比較的空いており、中程の席の通路をはさんで両側に私と誠二さんが座っていた。そして、安井先生はたしかそのすぐ前かうしろの席に座られた。移動中のバスの中で、誠二さんと安井先生にお互いを紹介した。トノサマバッタはイネ科害虫であり、安井先生はイネの虫害抵抗性を研究されているため、自然とイネ科植物と昆虫の話になった。その話の流れの中で、誠二さんがトノサマバッタはオオムギを食べないという話をされた。すると安井先生が、そういえば、どこかにオオムギの染色体をコムギに組み込んだ系統があったような…という話をされた。「え、そうなんですか!?」と私は思わず二人に問いかけた。

これはまったく偶然の出会いで、その出会い頭からの話の中でなにげなく登場した話題であったが、この二つの話を聞いたとき、突如私の頭の中で火花が生じて、何かの化学反応が起こったように思考が渦巻きはじめた。

その際に、話題に出したかどうかはっきり記憶にないのだが、話は九州沖縄農研にいた二〇〇三年頃に遡る。当時、松村さんから紹介していただいたフタテンチビヨコバイの研究に取り組む際、過去の文献を見ていて、フタテンチビヨコバイはオオムギには虫こぶを形成しない、という情報がたまたま頭に残っていた。

私の中で、咀嚼性昆虫（バリバリとかみ砕いて食べるタイプ）のトノサマバッタ、吸汁性昆虫（ストローのような口針を突き刺して汁を吸うタイプ）のフタテンチビヨコバイ、それに、オオムギ染色体導入コムギを絡めると、何か、とてつもなくおもしろい研究ができるのではないか、とイメージが膨らみはじめたのだ。

そして、後日もう一つの偶然（後述）が重なって、この研究はその翌年から胎動を始め、実際に成果がこの世へと産み出されることになる。

理化学研究所・基礎科学特別研究員

生物研の特別研究員として勤め始めた頃に、翌年度からの理化学研究所（理研）の基礎科学特別研究員（基礎特研）に応募し、幸運にも採用された。そして、二〇〇七年度末に農業生物資源研での特別研究員の任期を終えて、二〇〇八年四月より、基礎特研として横浜市鶴見区にある理研・植物科学研究センター（現・環境資源科学研究センター：以降、理研ＰＳＣ）に着任した。神谷勇治先生の研究グループで、虫こぶ形成に関与する植物ホルモンに関して研究することになった。神谷先生とは、二〇〇六年九月の日本植物学会大会でポスター発表をした際に初めてお目にかかり、翌十月に理研ＰＳＣでセミナーをさせていただいた。神谷先生のグループでは、高性能の分析機器を用いて、微量のサンプルから植物ホルモンを網羅的に定量する世界最先端の技

図7・12　理化学研究所の神谷勇治先生（左）と研究室のメンバーたち．越後湯沢での研究室のスキー旅行の一コマ．

術を開発されていた（軸丸ら、二〇〇七）。

理研PSCでは、その名のとおり植物に関するさまざまな研究を実施しており、主としてモデル植物を用いた遺伝子の発現や、植物体内の代謝産物の研究を展開していた。昆虫を対象として研究しているのは私だけであった。しかも、もともとは昆虫の分類や生態について研究していた私にとって、対象も分野もまるで違うメンバーとの交流はひじょうに新鮮だった（図7・12）。

英語でのゼミ発表

理研では所内の公用語を英語にするという報道が二〇一五年五月に流れたが、私が所属していた二〇〇八年から二〇〇九年も、理研PSCでは英語は準公用語の扱いであった。さまざまな事務連絡のメールの文面は、英語と日本語が必ず並記されていたし、研究グループのアシスタント（事務職員）も英語による高いコミュニケーション能力が必要とされた。また、さまざまな講演会や所内や研究室内のイベントも基本的には英語でおこなわれていたし、大学でいうところのいわゆるゼミ（研究室のメンバーが進捗状況や展望などを発表し、議論する場）も、すべて英語で実施されていた。外国人の研究員が多かったこともあるが、講演会やゼミを英語で、という方針は徹底されており、たとえば、その日の参加者がすべて日本人であるとわかっている場合にも、発表はもちろん質疑応答もすべて英語でおこなわれた。もしもゼミの途中から、日本語を解さない研究員がフラッと入ってきてもストレスを感じることがないように、という配慮ではなかったかと思う。

分野が違う方々の発表内容を英語で理解するのはひじょうにたいへんだった（おそらく、日本語で聞いても完全には理解できなかったにちがいない）が、英語での発表やコミュニケーションに関しては、理研ＰＳＣにいる頃に本当に鍛えられた。それまでの私は、英語を使う機会といえば、外国人の研究者とやり取りするときと、海外出張や国際会議での発表のときくらいしかなかった。そして、英語での発表の際にはいちおう原稿を準備して、それをある程度暗記してソラで話せるように練習してから本番に臨んでいたのだが、理研ＰＳＣに在籍していたときには、頻繁に発表の順番が回ってくることもあり、その発表のために逐次原稿を作成するだけの時間的余裕がなかったため、とりあえず発表用のスライドだけを準備しておき、話す内容は当日にその場で考える、というスタイルに徐々に切り変えていった。

おかげで、英語での発表にもだんだんと慣れ、（ときどき適切な動詞が浮かばずに困ることもあるのだが）、現在は「ぶっつけ本番」スタイルが定着している。

フタテンチビヨコバイ、再び

理研PSCでは、前述のエゴノキハイボタマバエの虫こぶ形成機構に関する研究（徳田ら、未発表）と、フタテンチビヨコバイの虫こぶ形成機構に関する研究に取り組んだ（Tokuda *et al.*, 2013a）。そう、九州沖縄農研に所属していた頃、松村正哉さんといっしょに取り組んだあの虫こぶを形成するヨコバイだ。フタテンチビヨコバイは、イネの幼苗《ようびょう》などを用いて簡単に累代飼育することができるため、室内実験により虫こぶ形成のメカニズムを解明するうえで適した材料であると考えた（神代・徳田、二〇一三）。

フタテンチビヨコバイの虫こぶは幼虫や成虫による吸汁刺激がきっかけになり形成され（Matsukura *et al.*, 2009a；2010）、吸汁する昆虫の数や時間に比例して形成の程度が激しくなる量依存的な反応であり、吸汁場所ではなく、吸汁中に新たに展開する葉に形成されること（Matsukura *et al.*, 2009a）などが明らかになっていた（図7・13）。

通常、虫こぶ形成者は移動性が乏しく、自身が形成した虫こぶの中に生息するのだが、フタテンチビヨコバイは自由生活者であり、必ずしも虫こぶ形成場所を吸汁するわけではない。しかし、このヨコバイは寄主植物の葉や茎の中に産卵し、ふ化した一齢幼虫は、親の世代の吸汁により、ちょうど虫こぶが形成され始めた植物を吸汁することになるため、虫こぶ形成は次世代の生存発育を向上させるうえで役立っているのであろう（Matsukura *et al.*, 2012）。

前述のように、このヨコバイは九州中南部において飼料用トウモロコシの害虫として問題となっており（Matsukura *et al.*, 2009b）、当時はヨコバイに抵抗性をもつトウモロコシとして、パイオニア・インブレッド・

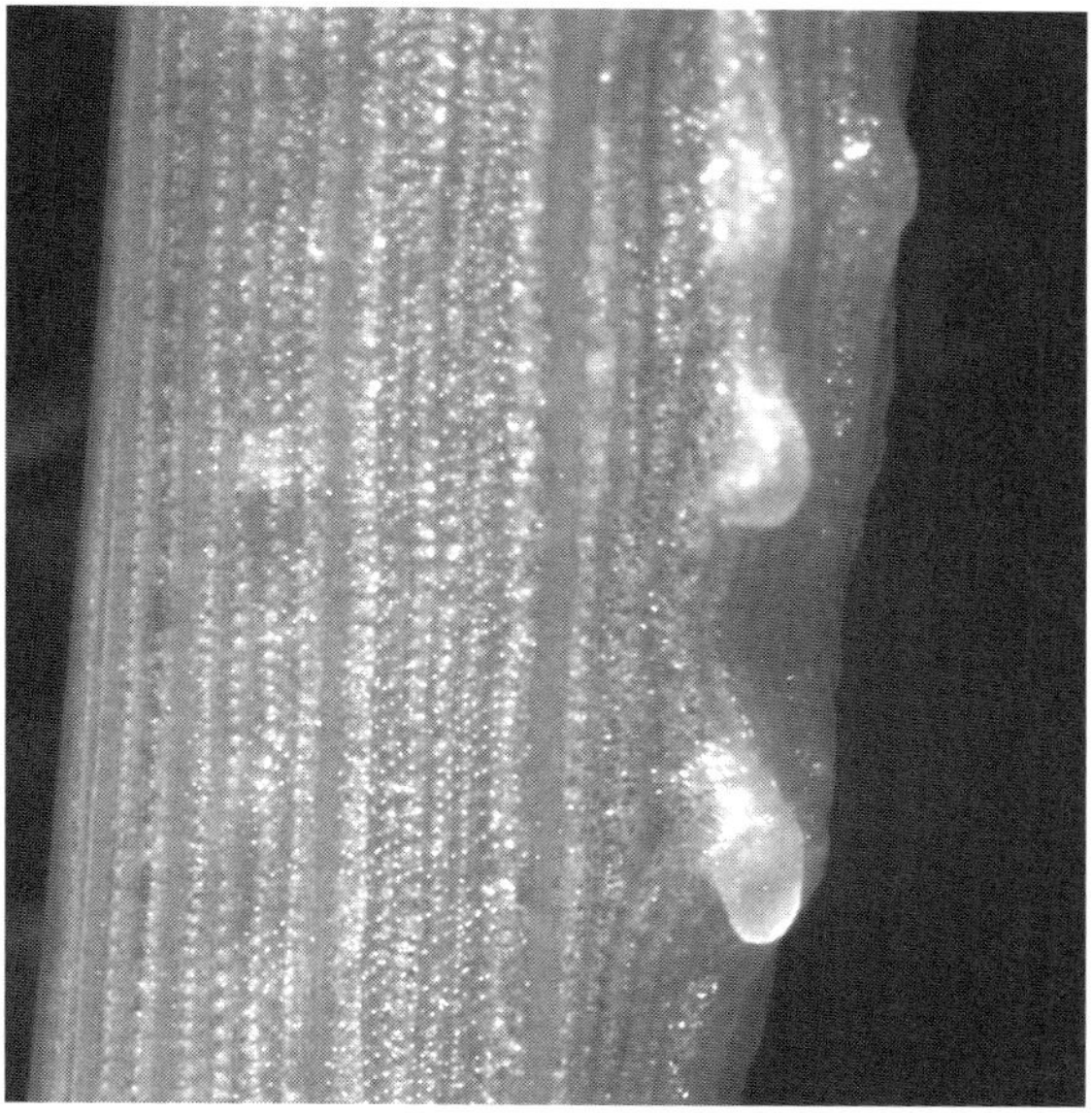

図7・13　フタテンチビヨコバイによりコムギに形成された虫こぶ（提供：神代 瞬博士）．

ジャパン株式会社から、「30D44」という品種が唯一販売されていた。この抵抗性品種はひじょうに興味深く、ヨコバイはふつうに吸汁するのだが、なぜか虫こぶの症状がほとんど見られなかった。

そこで私は、虫こぶが顕著に形成される感受性品種と、ほとんど形成されない抵抗性品種の二つをもちいて、ヨコバイによる虫こぶ形成に関与している植物ホルモンを調べることにした。ヨコバイに吸汁させる処理区と、吸汁させなかった対照区を準備し、それぞれで二、四、六、八日後のサンプルを回収して植物を解剖し、虫こぶが形成されるはずの新規展開葉に相当する部分の植物ホルモン濃度を測定した。八日間の実験期間のうち、さらに、前半の四日間のみ吸汁させた区と後半の四日間のみ吸汁させた区も設け、ホルモンの濃度を比較した。その結果、どのホルモンに

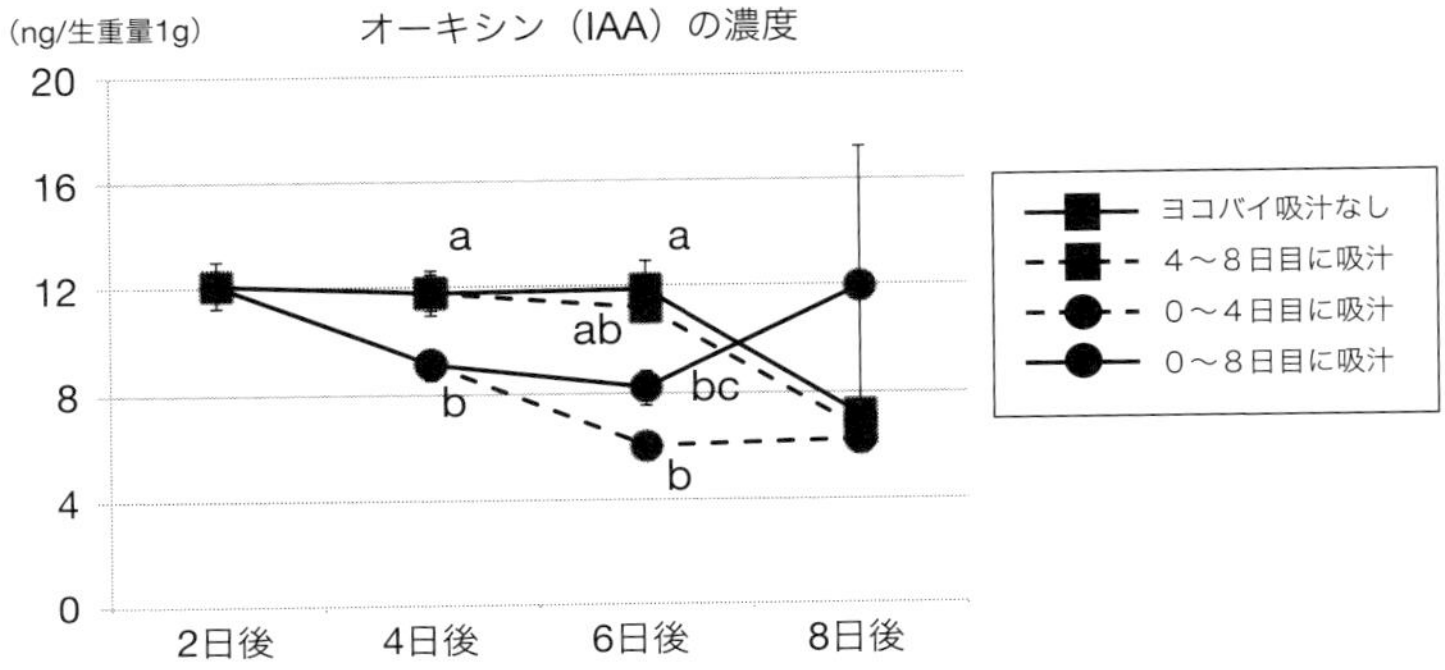

図7・14　フタテンチビヨコバイの吸汁による虫こぶ形成葉におけるオーキシン（IAA）濃度の変化．エラーバーは標準誤差．異なるアルファベット間で有意差あり（分散分析またはTukey-Kramer test, $P<0.05$）．ヨコバイに吸汁されると4日後および6日後にオーキシン濃度が有意に低下する（Tokuda *et al.*, 2013aを改変）.

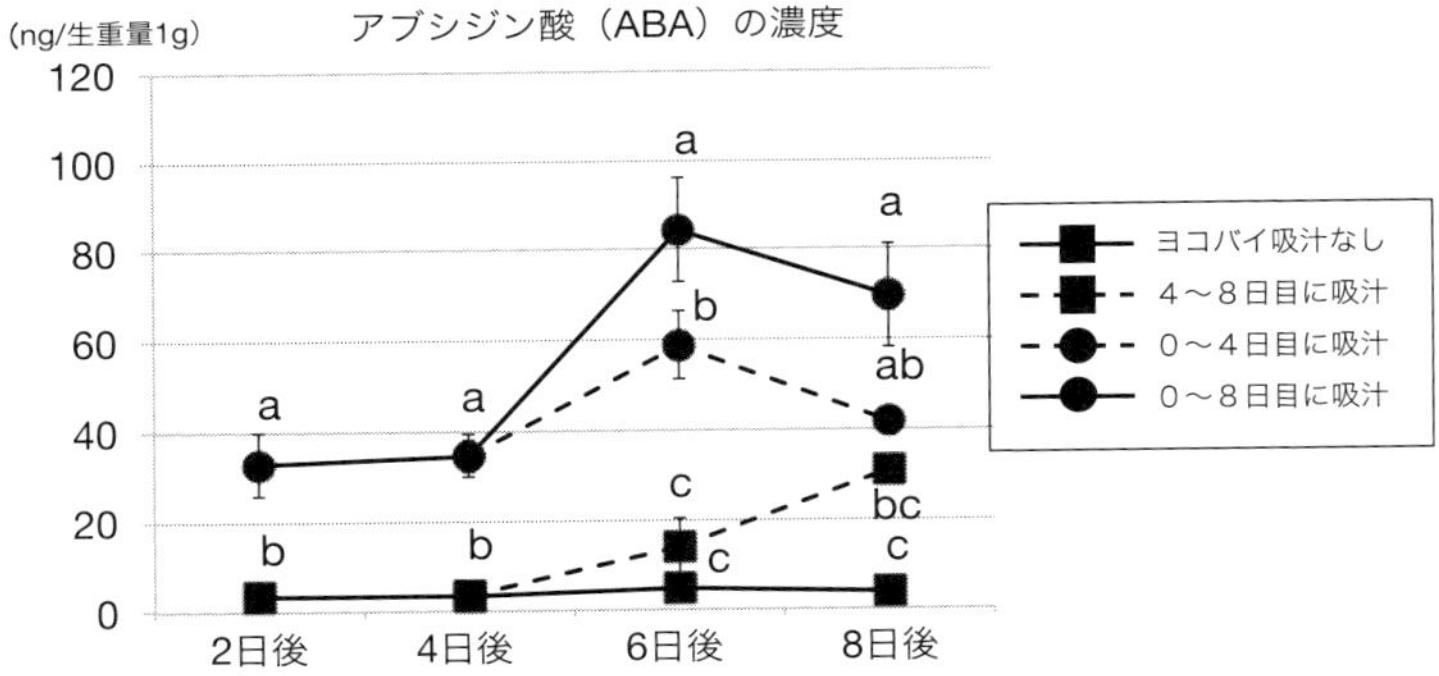

図7・15　フタテンチビヨコバイの吸汁による虫こぶ形成葉におけるアブシジン酸（ABA）濃度の変化．エラーバーは標準誤差．異なるアルファベット間で有意差あり（分散分析またはTukey-Kramer test, $P<0.05$）．ヨコバイに吸汁されるとアブシジン酸濃度が有意に増加する．4日目にヨコバイを取り除くとアブシジン酸の上昇は抑制され，逆に4日目からヨコバイに吸汁させると6日目からアブシジン酸が増加し始める（Tokuda *et al.*, 2013aを改変）.

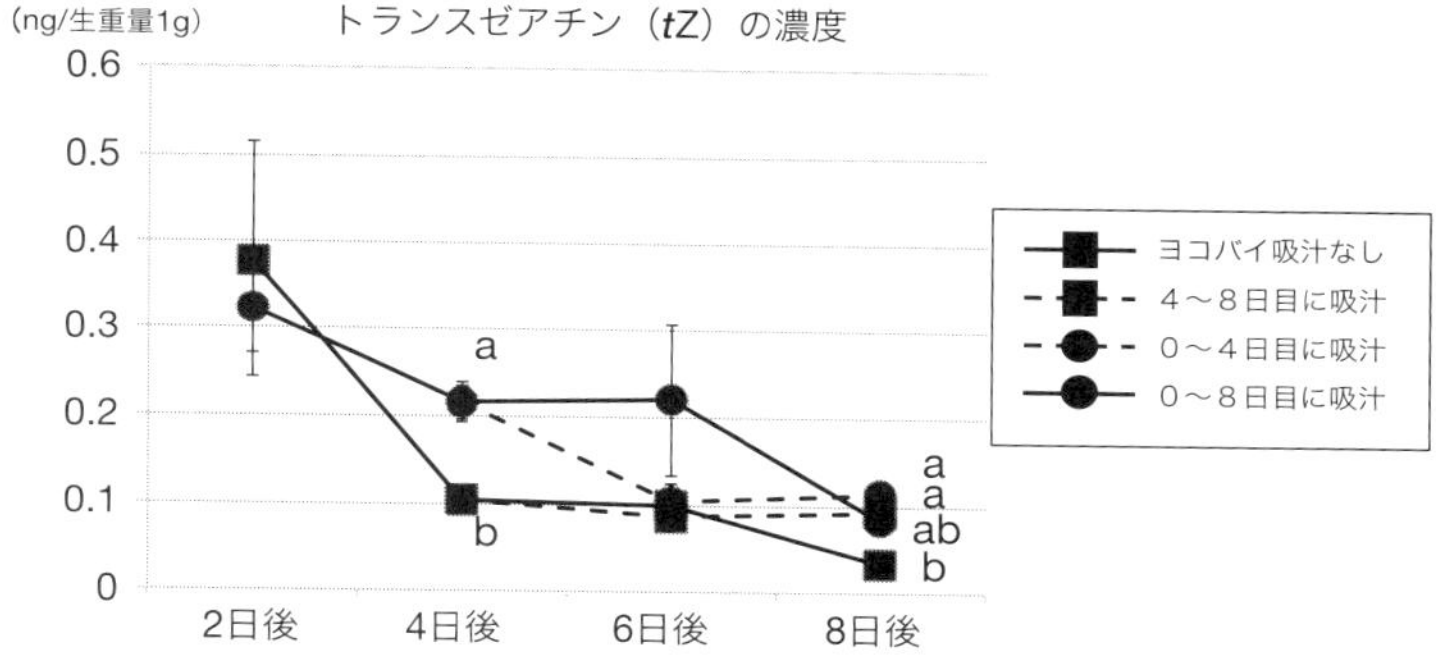

図7・16　フタテンチビヨコバイの吸汁による虫こぶ形成葉におけるサイトカイニンの一種，トランスゼアチン（*tZ*）濃度の変化．エラーバーは標準誤差．異なるアルファベット間で有意差あり（分散分析またはTukey-Kramer test, $P < 0.05$）．ヨコバイ処理区では4日目にトランスゼアチン濃度が有意に高くなる（Tokuda *et al.*, 2013a を改変）．

関しても、抵抗性品種では処理区間で差がほぼまったく見られなかったのに対して、感受性品種では、いくつかのホルモンについて差が検出された。オーキシンの濃度はヨコバイに吸汁させると低くなり（図7・14）、アブシジン酸の濃度が上昇した（図7・15）。くわえて、二種類のサイトカイニンのうち、イソペンテニルアデニンの濃度には差が見られなかったが、トランスゼアチンの濃度は、ヨコバイ処理に伴い増加した（図7・16）。さらに、ジベレリンに関しては、植物体内で活性をもつ二つのタイプ（GA_1, GA_4）ともヨコバイを処理すると濃度が有意に低下した（図7・17）。したがって、ヨコバイによる虫こぶ形成や草丈の萎縮には、変化が見られたこれらの植物ホルモンが関与しているものと考えられた（Tokuda *et al.*, 2013a）。なお、ジベレリンは植物内に含まれている量がとても少ないことなどから、定量がひじょうに困難である。私たちの研究は、虫こぶに含まれるジベレリンを通常の組織と比較したこれまでで唯一の事例である（Tooker and Helms, 2014）。

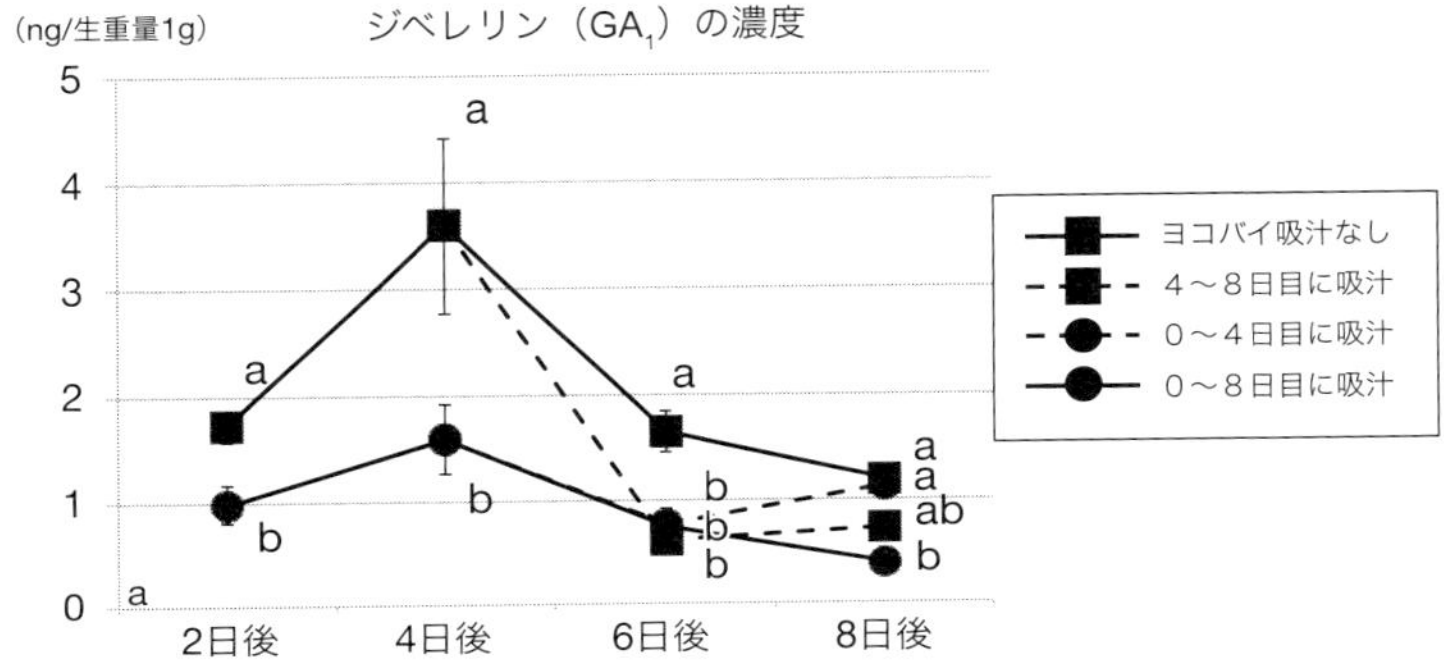

図7･17　フタテンチビヨコバイの吸汁による虫こぶ形成葉におけるジベレリンの一種，GA_1の濃度の変化．エラーバーは標準誤差．異なるアルファベット間で有意差あり（分散分析またはTukey-Kramer test, $P<0.05$）．ヨコバイ処理区ではジベレリン濃度が有意に低くなる（Tokuda *et al*., 2013aを改変）．

虫こぶ形成の適応的意義

なお、フタテンチビヨコバイに関しては虫こぶ形成メカニズムの研究の他、虫こぶ形成の適応的意義に関する研究にも取り組んだ（Matsukura *et al*., 2012）。この研究は、九州沖縄農研の松倉啓一郎博士が中心となって取り組んだ内容である。昆虫による植物への虫こぶ形成は、一般に昆虫側に一方的な利益となり、植物にとっては負の効果しかないことが知られ、また、虫こぶ形成昆虫は、タマバエやタマバチ、キジラミ、アブラムシなど、昆虫の中の特定の分類群でのみ知られている。こうした点から、虫こぶ形成は昆虫にとって適応的な形質であり、虫こぶ形成性を獲得した昆虫分類群が適応放散してさまざまな植物を利用する種へと進化してきたと考えられる（Giron *et al*., 2016他）。

　虫こぶ形成の適応的意義に関してはいくつかの説が提唱されている（Price *et al*., 1987；Stone & Schönrogge, 2003）。植物の栄養を効率的に搾取するうえで適応的であるという「栄養仮説」、寄生蜂や捕食者など、天敵から逃れるうえで適応的であるという「天敵仮説」、乾燥などの不適な環境から身を守るうえで適応的であるという「微環境仮説」が代表的なものである。なお、これらは互いに排他的な仮説ではないため、どれか一つが正しく、残りが間違っているというものではなく、おそらく、虫こぶ形成性を獲得したそれぞれの分類群により、適応的な意義が異なっていたのではないかと考えているが、多くの昆虫分類群において、虫こぶ形成性を獲得してからの時間が経ちすぎているため、厳密な検証は難しい面もある（たとえば、虫こぶ形成性を獲得した当初は天敵から逃れるために適応的であったかもしれないが、天敵側もそれに伴って適応進化した場合、虫こぶ形成性の有利さは検出されなくなる場合なども考えられる）。

このうち、栄養仮説に関しては、さまざまな昆虫において、虫こぶの内側、つまり、形成者が生息している場所の周辺では他の部分に比べて栄養状態が良かったり、植物の防御物質が少なかったりという報告が多数あり、広く支持されている仮説である。しかしながら、過去の報告はいずれも状況証拠であり、実際に、通常の植物組織を摂食するよりも、虫こぶ形成部位を摂食する方が適応的であるか否かに関しては、検証されていなかった。そもそも、一般的な虫こぶ形成者は、虫こぶ内でしか維持できないため、検証するための実験じたいができない状態であった。

栄養仮説の実験的検証

フタテンチビヨコバイの場合、ヨコバイの仲間で虫こぶを形成する種が稀であり、前述のようにフタテンチビヨコバイが含まれる *Cicadulina* 属の数種と、明らかに独立に虫こぶ形成性を獲得したと考えられる *Scenergates*

属の一種のみしか知られていないこと、また、フタテンチビヨコバイは、虫こぶ内に生息するわけでなく、自由生活性で、虫こぶ組織を吸汁しなくても生存可能であり、虫こぶへの依存性が他種に比べると低い点などを考慮にいれると、このヨコバイは、他の虫こぶ形成昆虫と比較して、相対的に新しい時代になって虫こぶ形成性を獲得したものと考えられる。逆にいえば、本種は、昆虫が虫こぶ形成性を獲得するに至った初期の状態の一事例とみなすこともできる。

そこで私たちは、フタテンチビヨコバイを用いて虫こぶ形成の適応的意義について調べることにした。本種の場合、虫こぶ内に生息しているわけではないため、虫こぶを形成したからといって、天敵から逃れられるわけではないし、乾燥などを克服できるわけでもない。したがって、有力な三つの仮説のうち、栄養仮説が当てはまるのではないかと考えた。さらに、本種の場合、トウモロコシの抵抗性品種などを用いて、虫こぶが形成されていない部位で飼育することも可能であるし、栄養仮説の実験的検証には絶好の材料である。

そこで、虫こぶが形成された葉と形成されていないトウモロコシの葉の栄養状態を感受性品種と抵抗性品種で比較したところ、抵抗性品種では差は見られなかったのに対して、感受性品種では、虫こぶ形成葉の遊離アミノ酸量やグルコース濃度が有意に高い、つまり、栄養状態が良いことが判明した（図7・18）。

さらに、事前にヨコバイのオス成虫（＊注：メス成虫は吸汁だけでなく産卵もしてしまうのでその影響を避けるためにこの試験ではオスのみを用いた）に吸汁させ、虫こぶを形成させた植物と、事前吸汁なしで虫こぶが形成されていないトウモロコシの幼苗を準備して、フタテンチビヨコバイを一齢幼虫から成虫まで飼育した。この際に問題になるのは、幼虫自身にも虫こぶ形成能力があるため、一週間ほどすると、事前吸汁がない幼苗にも虫こぶが形成されてしまう点である。虫こぶが形成されてしまうと、せっかく非形成の植物を使っている意味がな

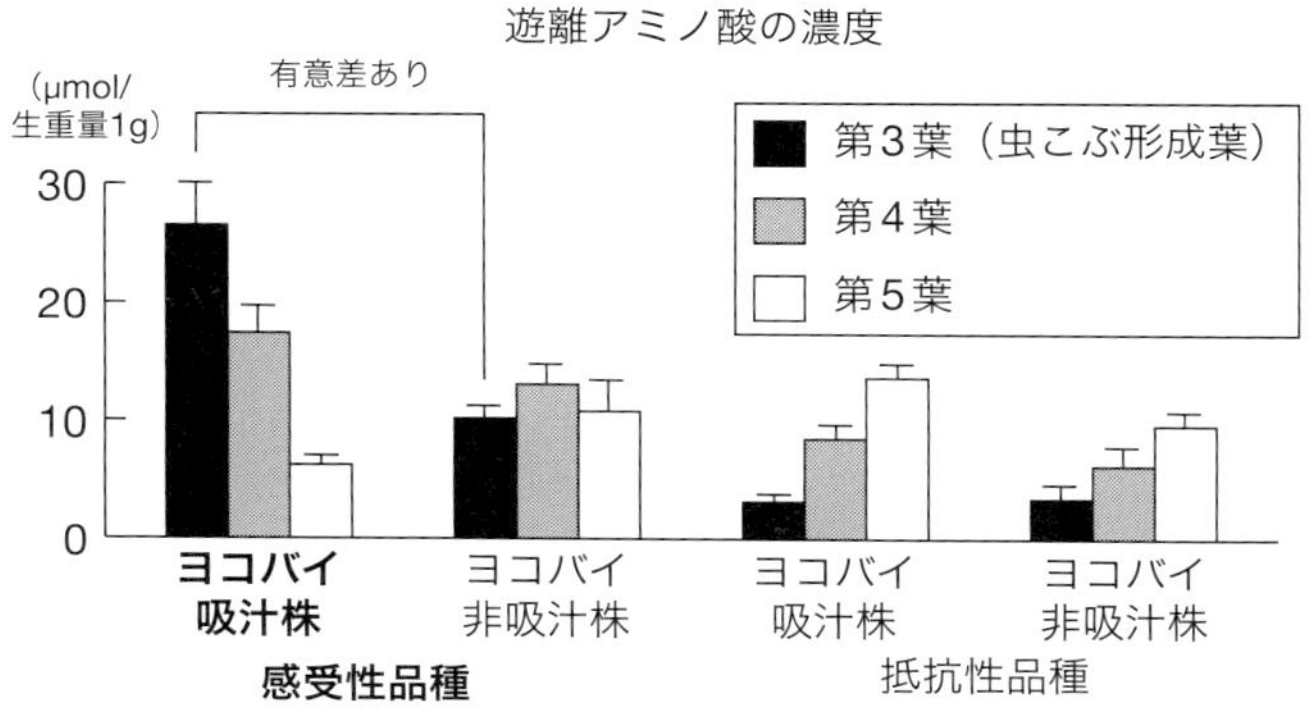

図7・18　フタテンチビヨコバイが吸汁した際の感受性と抵抗性トウモロコシ品種各葉における遊離アミノ酸濃度．エラーバーは標準誤差．異なるアルファベット間で有意差あり（Tukey-Kramer test；$P<0.05$）．フタテンチビヨコバイに対する抵抗性をもつ品種ではヨコバイ吸汁時にも遊離アミノ酸の濃度に有意な変化は見られないが，感受性の品種では虫こぶが形成される葉（吸汁時に伸長していた葉．この実験の場合第3葉）で遊離アミノ酸の濃度が有意に増加した（Matsukura *et al.*, 2012に基づき図示）．

くなるため、ひじょうに手間がかかる（そしてこれは松倉君がすべてやってくれた）のだが、オス成虫に事前吸汁させた幼苗とさせない幼苗を毎週準備し、飼育している幼虫を一週間ごとに新しい苗へとすべて移動させることにした。そして、この実験を感受性品種と、吸汁されてもほとんど虫こぶが形成されない抵抗性品種の両方で実施した。

その結果、事前吸汁させた感受性品種（つまり、虫こぶが形成されている処理区）では、抵抗性品種や虫こぶが形成されていない感受性品種よりも有意に成虫までの生存率が高くなり（図7・19）、かつ、成虫の体サイズには差がないにもかかわらず、発育期間が短くなった（図7・20）。つまり、虫こぶが形成された植物上では、高い確率で、かつ、短期間で成虫になれることが判明した。

これらの結果は、植物体への虫こぶ形成がその部位の栄養状態を改善し、虫こぶ形成昆虫にプラスの効果を与えている、という栄養仮説を実験的に証明した最

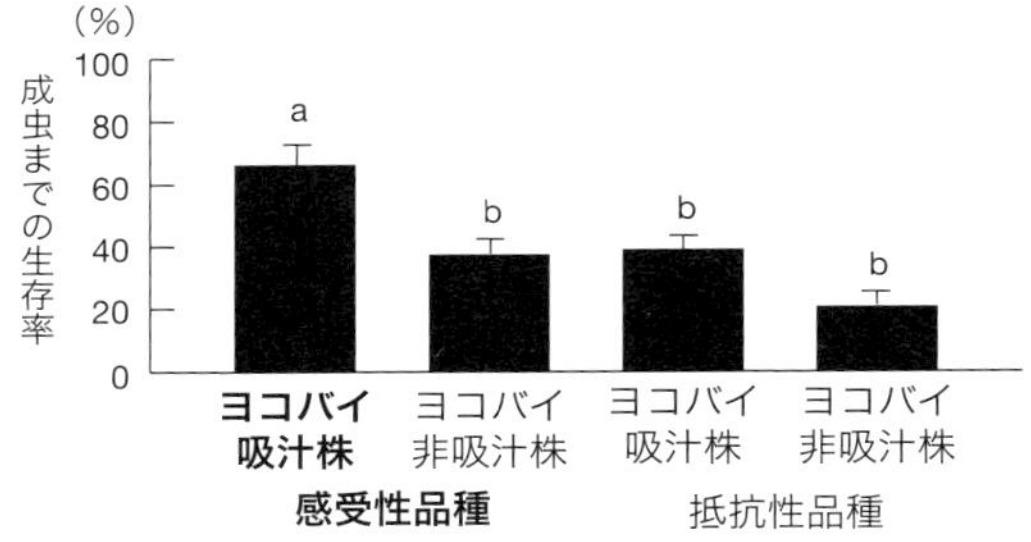

図7・19　感受性と抵抗性のトウモロコシ品種をフタテンチビヨコバイ成虫に事前吸汁させてヨコバイ幼虫を飼育した際の成虫までの生存率の比較．エラーバーは標準誤差．異なるアルファベット間で有意差あり（Tukey-Kramer test；$P<0.05$）．ヨコバイが吸汁しても虫こぶが形成されない抵抗性品種では，事前吸汁の有無で生存率は有意に変化しないが，ヨコバイが事前に吸汁して虫こぶが形成された感受性品種では虫こぶが形成されていない処理に比べ生存率が増加する（Matsukura *et al.*, 2012を改変）．

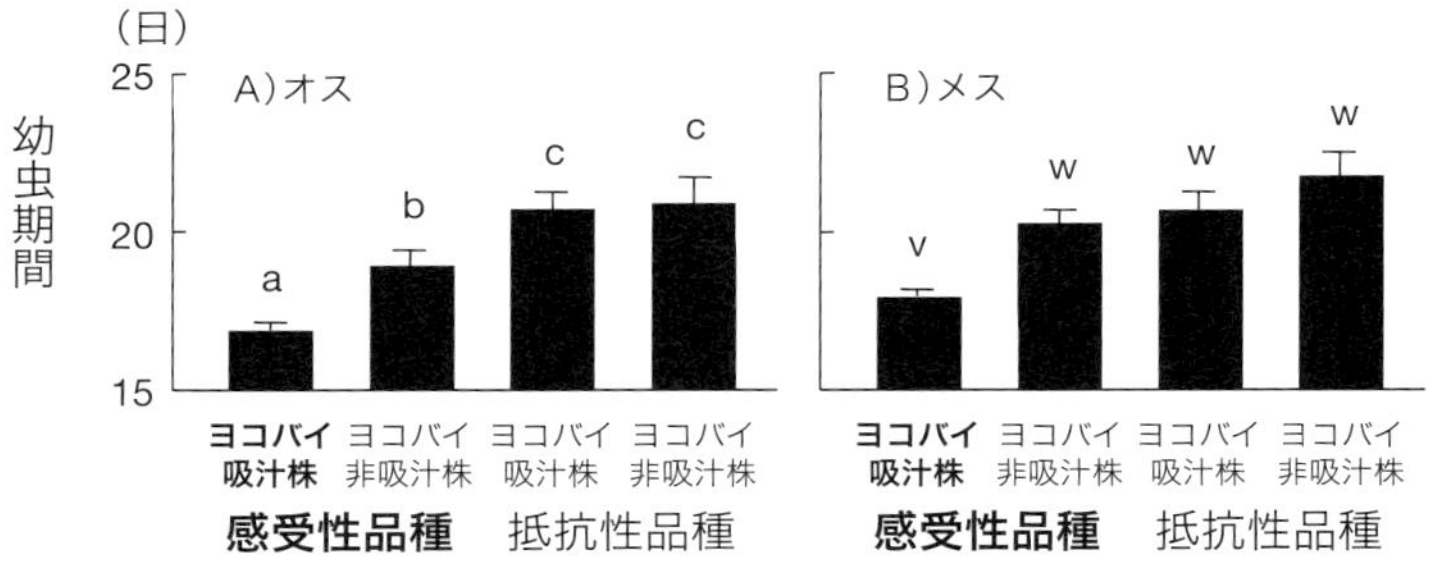

図7・20　感受性と抵抗性のトウモロコシ品種をフタテンチビヨコバイ成虫に事前吸汁させてヨコバイ幼虫を飼育した際の幼虫期間の比較．エラーバーは標準誤差．異なるアルファベット間で有意差あり（Tukey-Kramer test；$P<0.05$）．オス・メスとも，ヨコバイが事前に吸汁して虫こぶが形成された感受性品種ではヨコバイの幼虫期間が短くなる（＝早く成虫になる）（Matsukura *et al.*, 2012を改変）．なお，成虫の体サイズには処理間で有意差はなかった（データ省略）ため，発育期間が短いぶん小さい成虫になるわけではなく，短くとも他の処理区と同じサイズまで成長していることになる．

初の研究事例と考えられ、この時点で論文に投稿しようという話もでたのだが、私はどうしても、一つ気になる点があって、松倉君に追加の実験をしてもらった。それは、「感受性品種では、オス成虫が事前に加害したことにより弱ってしまい、幼虫飼育時に抵抗性を発揮できなかった」という、〝事前加害じたいの影響〟を排除できていない点であった。

そこでダメ押しとして、フタテンチビヨコバイのオス成虫に事前吸汁させた処理（これは当然虫こぶが形成される）と、トウモロコシを吸汁はするが虫こぶは形成しないマダラヨコバイ *Psammotettix striatus* のオス成虫により事前吸汁させた処理（これはヨコバイに事前吸汁はされているが、虫こぶは形成されない）と、事前吸汁をさせない感受性品種という、三つの処理間でフタテンチビヨコバイの生存率を比較した。その結果、当初の目論みどおり、フタテンチビヨコバイが事前吸汁した処理区でのみ、幼虫の生存率が向上した。やはり、成虫の事前加害でなく、虫こぶ形成じたいがヨコバイにとってプラスになっていることが示されたのだ。

ここまでのデータを揃えたうえで論文として発表した（Matsukura *et al*., 2012）。

もう一つの偶然

さて、話を私が理研ＰＳＣで植物ホルモンの分析をしていた頃に戻そう。たまたま、理研ＰＳＣのウェブサイト内で組織図か何かを見ていたところ、私がいた理研横浜研究所と同じ敷地の中に、横浜市立大学の鶴見キャンパスもあり、理研と横浜市大とが連携協定を結んでいることを知った。さらに、理研ＰＳＣとの連携先に横浜市大の木原生物学研究所（舞岡キャンパス）があり、そこの荻原保成先生の研究室に、なんと以前高速バ

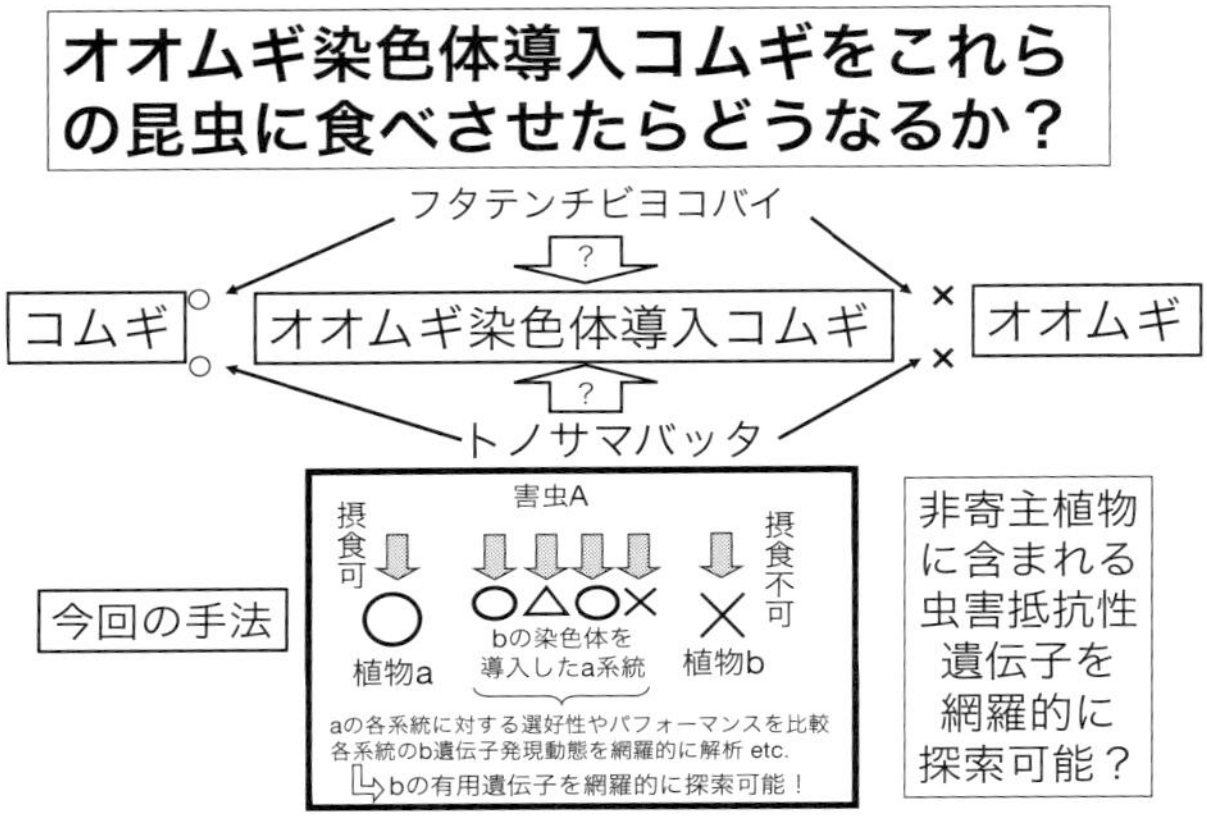

図7・21　オオムギ染色体導入コムギとフタテンチビヨコバイ，トノサマバッタを用いた研究の概念図．高速バスの中で頭の中に浮かんだイメージを研究予算申請の際に図式化したもの．

スの中で、田中誠二さんと安井秀先生の話題に出てきたオオムギ染色体導入コムギ系統が保存されていることを知った。

これは、きっとおもしろい研究ができると直感的に感じ、すぐさま説明用のパワポを作成して、私が高速バスの中で思いついた話を神谷勇治先生に聞いていただいた。

昆虫の摂食様式は、口器の形状から咀嚼型（バリバリとかみ砕いて食べるタイプ）と吸汁型（ストローのような口針を突き刺して汁を吸うタイプ）に大きく分けられる。トノサマバッタは咀嚼型、フタテンチビヨコバイは吸汁型の口器をもつ。両者はともにイネ科植物全般を寄主としているが、前者はオオムギを摂食せず、後者はオオムギには虫こぶを形成しない。それでは、オオムギの七対の染色体を一対ずつコムギに導入したオオムギ染色体導入コムギではどうなるのだろうか？　見た目上はコムギであっても、オオムギの染色体が導入されているため、オオムギの遺伝子も発現しているはずである。

私は、このオオムギ染色体導入コムギとトノサマバッタ、フタテンチビヨコバイの系により、オオムギに含まれるどのような遺伝的要因がトノサマバッタの摂食や、フタテンチビヨコバイの虫こぶ形成に影響しているのかが明らかにできるのではないかと考えた（図7・21）。

神谷先生は私の説明を聞かれると、「それはおもしろいですね。では、木原生物学研究所の荻原さんに協力してもらいましょう」とすぐにスケジュール帳を開いて研究打合せの日程調整を始めてくださった。たしか、その場で荻原先生に電話をされて、訪問日時の打ち合わせをしてくださったように記憶している。

この件に関してもそうだが、神谷先生は人間としての度量の大きさ、行動力（フットワークの良さ）、そして、研究グループのマネジメント能力は卓越しておられ、理研ＰＳＣにいる間にたくさんのことを学ばせていただいた。私の現在の研究室運営でも、おおいに参考にさせていただいている。

科学研究費・新学術領域研究（研究課題提案型）

神谷先生と共に荻原先生の研究室を訪問し、当時助教だった川浦香奈子博士（現・准教授）にも協力していただけることになり、オオムギ染色体導入コムギを用いた研究を予備的に始められることになった。

この研究は、科学研究費・新学術領域研究の研究課題提案型という区分で応募して二〇〇九年度から採択され、理研ＰＳＣ（徳田他）、横浜市大（荻原先生、川浦さん）、農業生物資源研（誠二さん）、九州沖縄農研（松村さん、松倉君）の四つの研究機関の共同研究として実施することができた（図7・22）。この研究課題提案型は、その後残念ながら募集が停止されてしまったのだが、当時としては画期的な審査方法を採用していた。科学研究費の審査は、応募者の方は実名で書類を作成し、審査員が匿名で審査をするのが通常の方式であるが、

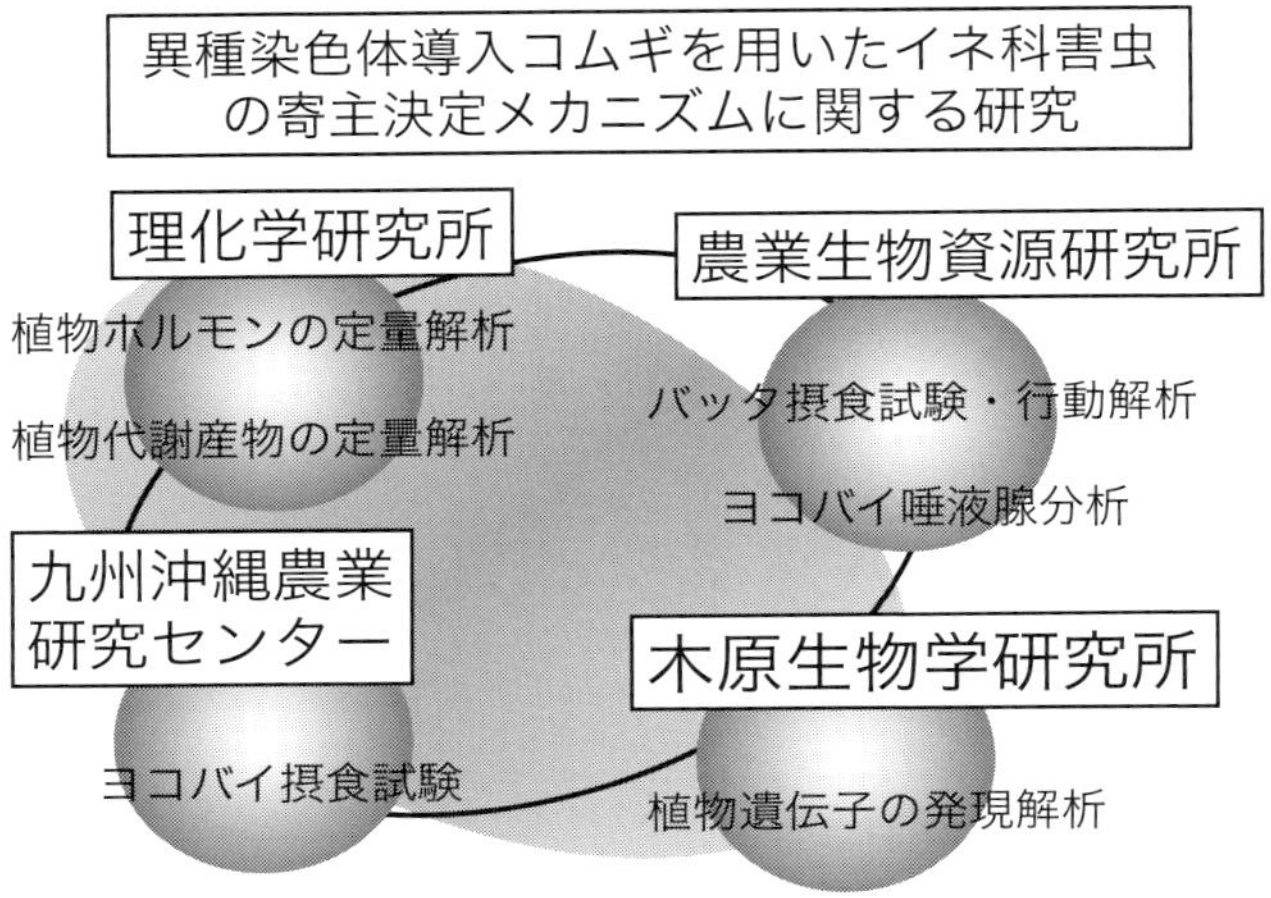

図7・22　採択された科学研究費・新学術領域研究の研究課題提案型の研究実施体制.

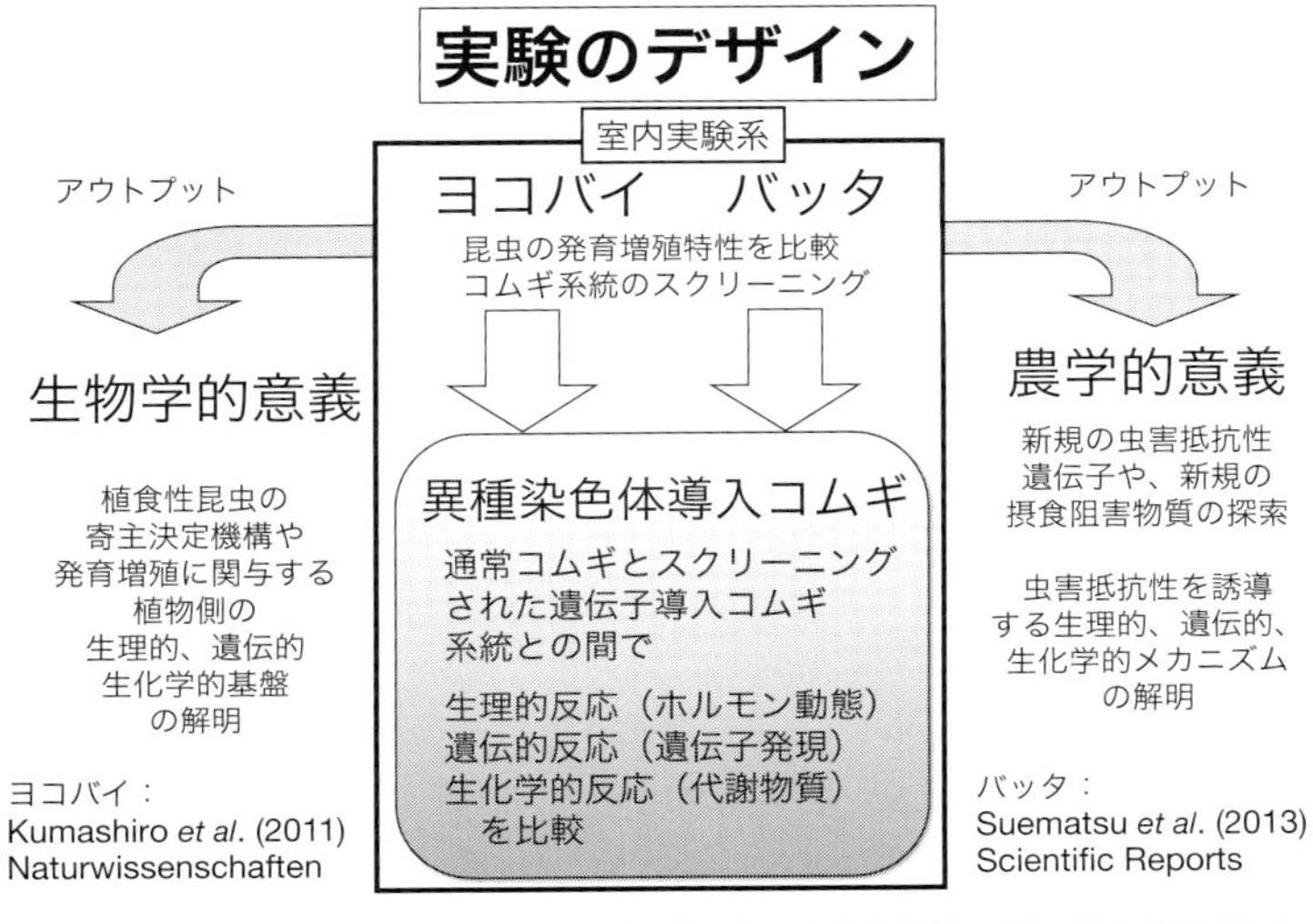

図7・23　採択された科学研究費・新学術領域研究の研究課題提案型の実験デザインと期待される成果.

研究課題提案型では、応募者も匿名で、これまでの研究業績はもちろん、研究機関名なども伏せた状態で申請することになっていた。つまり、採択の基準は研究計画の良し悪しのみで、応募者の名前や過去の実績、所属研究機関はいっさい問われない、というシステムであった。しかも予算規模は、一般的な科研費である基盤研究でいえば、かなり大型であるA（予算額の大きい順に、S，A，B，Cという区分がある）に区分される規模であった。

この研究は、私が採択から間もなく九州大学に異動したり、元々は三年間の予算がついたあとで、審査によりさらに二年間の延長が認められる可能性があったが、新規募集が停止されたことに伴い延長審査じたいもなくなってしまうなど、当初想定していなかったことがいくつかあったが、フタテンチビヨコバイを用いた系ではKumashiro *et al.*,（2011）として、トノサマバッタを用いた系ではSuematsu *et al.*,（2013）として、それぞれ論文を発表した（図７・23）。

伊豆諸島でのタマバエ調査

理研ＰＳＣにいた当時は、毎日朝から晩まで植物ホルモンを分析していた。これはこれできちんとデータになり有意義ではあるのだが、もともと、フィールドでの調査から研究の世界に入った私にとっては、大都会の横浜で、自宅と研究所の間のビルと工場の森を往復し、実験室にこもってひたすら解析するという生活だけでは少し物足りないというか、はっきりいえば、野外調査がしたい、という気持ちがくすぶりだした。

そんなとき、たまたま、財団法人新技術開発財団の植物研究助成の募集が目にとまった。植物に関連する研

図7・24　マサキタマバエによりマサキの葉に形成された虫こぶ（マサキハフクレフシ）.

究で、熱海にある植物研究園を利活用すればよいという。これは、と思い、私は熱海を含む伊豆半島と伊豆諸島における虫こぶ形成昆虫の研究に取り組んでみたいと思った。

第2章で、九州におけるシロダモタマバエの空間分布の謎について紹介した。このタマバエに関しては、以前から疑問に思っていたもう一つの「分布の謎」がある。

湯川淳一先生の鹿児島大学時代の教え子の一人で、タマバエ研究者としては私のいわば兄弟子にあたる巣瀬 司博士は、一九七〇年代からマサキタマバエ *Masakimyia pustulae* というニシキギ科のマサキ *Euonymus japonicus* の葉に虫こぶを形成するタマバエの研究をされている（図7・24）。このタマバエは、幼虫の体色に白色と黄色の二型が存在し、さらに、虫こぶの形状にも厚型と薄型の二型が存在する（Sunose, 1985）。当時の巣瀬さんは、これらの遺伝様式を明らかにされたり、国内における分布状況を調査されたり、適応的意義について考察されたり、という研究に取り組まれていた。また、現在も全国各地で本種の個体群動態に関して研究されている。

巣瀬さんは、一九八〇年前後に、マサキタマバエに見られる二型の分布状況を調査するため、伊豆諸島のいくつかの島々を訪問され、入念な調査により伊豆諸島にはマサキタマバエが分布していないという論文を発表された（巣瀬、一九八一）。

巣瀬さんはその報告の中で、調査の過程で見つかった数種のタマバエについて合わせて報告されるとともに、私が大学院生時代に研究に取り組むことになるシロダモタマバエについて、ひじょうに興味深い記述を残されている。

三宅島の標高二百五十メートル未満の地点では、寄主植物のシロダモは生育しているにもかかわらず、タマバエの虫こぶはまったく見られなかったのに対し、二百五十メートル以上の地点では調査されたすべての株に虫こぶが形成されていたのである。また、八丈島でも、シロダモタマバエの虫こぶは標高三百メートル以上の地点でしか見られなかった、と報告されている。

ちょうど私が理研ＰＳＣにいたのは巣瀬さんが調査されてから三十年近くが経過していた時期であり、その間、伊豆諸島では誰もタマバエの調査を実施していなかった。

新技術開発財団・植物研究助成

この三十年の間に、地球温暖化が進行したり、三宅島では大規模な噴火が起こったりと、さまざまなことが生じた（図７・25）。私は、三宅島や八丈島でのシロダモタマバエの分布や密度が現在どうなっているのかをぜひ調べたいと考えた。しかも、当時私が住んでいた横浜市鶴見区は、伊豆諸島行きの飛行機が発着している羽田空港にもアクセス抜群であり、フェリーが発着する竹芝桟橋も近いため、伊豆諸島に調査に行くには絶好

図7・25　三宅島（2009年4月撮影）．山肌の黒っぽい部分は2000年の噴火で流れ出した溶岩．島の中央に位置する雄山からは火山ガスの白い煙がたちのぼる．

の立地条件である。

そこで、神谷先生に相談して、新技術開発財団の植物研究助成に応募させていただくことになった。結果的には採択後間もなく私が九大に異動することになったため、さまざまな計画の変更をせまられたのだが、新技術開発財団の植物研究助成にはこれまでに五回採択していただき、伊豆諸島でのタマバエ研究を飛躍的に進めることができた（Fujii *et al.*, 2012；徳田ら、二〇一二；Tokuda *et al.*, 2012；2013b；2015；Tokuda and Kawauchi, 2013；徳田、二〇一四b）。

なお、シロダモタマバエの分布と密度に関しては、三十年の間に大きく変化していること、および、その要因が明らかにできつつあるのだが、まだ論文として発表していないため、いずれ別の機会に紹介させていただきたい。

入籍・そして九大へ

理研PSCに所属しているとき、フタテンチビヨコバイの実験をおこなうため、何度か九州沖縄農研に長期滞在して実験をする機会があった。たまたまそのときに、九州沖縄農研で巡り合った女性と、理研ＰＳＣへの在籍が一年を過ぎた頃に入籍した。

そして、ちょうどその頃、九州大学の高等教育開発推進センター（現・基幹教育院：以降、高推センター）で生物科学担当の任期付き助教の公募が出された。三年任期で、一度だけ更新の可能性がある（つまり、最大六年間勤務できる可能性がある）という募集であった。九大を離れて六年が経過していたこともあり、このポジションがどのようなものなのかよくわからなかったため何人かの九大関係者にうかがってみたところ、研究用の実験室などもないし、理系一年生の実験を多数担当する必要がある（つまり、教育の負担が大きい）ため、研究環境としてはあまりよくないだろう、という意見が大半であった。

しかし、私はこの公募に応募することを決めた。その理由は大きく二つある。一つは、もう家族もいることだし、学振特別研究員の任期が終わったあとの二ヶ月のような、収入のない生活はおくりたくない、少しでも長く勤務できる場所で研究を続けたいということ、もう一つは、それまでもさまざまな公募に応募していたが、とくに大学の公募では、研究業績はともかく、教育実績の欄に書けることがほとんどないことが自分ではずっと気にかかっていた。

とくに、助教のポジションは多くの大学で削減されており、大学への教員としての就職は、いきなり准教授からという例も多くなっていたため、むしろ助教で教育の義務が大きいポジションというのは、当時の私にとってはとても魅力的であった。

また、研究用のスペースがないということも、あまり気にしていなかった。もともと九大の出身ということもあり、昆虫を研究している知り合いが何人もいたので、まあ、どこかにお願いすれば何とかなるだろう、くらいに考えていたし、何より、野外でデータをとるには、自前のスペースは必要ない。そのくらいに考えていた。

そして、書類選考と面接を経て九大の高推センターに採用され、二〇〇九年九月に再び九大に戻ることになった。

なお、このときの面接では、事前に学部一年生対象の自然科学総合実験の資料を渡され、それに沿って実験の冒頭部分の模擬授業をするように、とうかがっていたが、一通りそれをやったあとで、当時センター長だった淵田吉男先生（このときが初対面）から、「じゃあ、今のを英語でやってみてください」といきなり言われ、しどろもどろになりながら何とかこなした。

あとでうかがったが、留学生対象の授業を受けもつ可能性があったので、どの程度英語ができるか知りたくて…という話であった。前述のように、理研ＰＳＣで英語の「ぶっつけプレゼン」に慣れていた頃であったので、採用していただけたのは運も良かったのだと思う。

九州大学・高等教育開発推進センター

高推センターは、私がかつて所属していた農学部がある福岡市東区の箱崎キャンパスではなく、福岡市西区から前原市にまたがる高大な敷地へと移転がすすむ新キャンパス（伊都キャンパス）であった（図7・26）。当時の農学部昆虫学教室では、湯川淳一先生は退職され、ハナバチ類を研究されていた多田内 修先生が教授になられていた。また、伊都キャンパスの高推センターのすぐ隣には比較社会文化学府（以降、比文）の生物

図7・26　九州大学・伊都キャンパスの生物多様性ゾーン.

体系学研究室があり、そこにはチョウ類の研究をされていた矢田　脩先生や、虫こぶ形成昆虫であるタマバチ類の研究をされていた阿部芳久先生らがいらっしゃった。

着任に際して、私は、虫こぶを研究されている阿部先生がいらっしゃるという理由と、自分の所属している高推センターから近いという理由で、比文のゼミに参加させてもらうことにした。

したがって、九大に戻るといっても、大学名が同じだけで、実質的には新しい職場に勤め始めた感覚であった。また、理研ＰＳＣのときには、周囲が植物の研究者ばかりで、昆虫を研究する私は「アウェイ」のような状態であったが、高推センターでは、植物を研究されている土井道夫先生の他は、化学や天文学、素粒子物理学といった分野の研究者であり、さらに、語学を担当している外国人教員たちも所属していて、ここでは生物を研究している人すら貴重という環境であった。そして、そうした異分野の人たちとの交流もとても新鮮で楽しかった。

高推センターでは、理系の一年生全員を対象とした自然科学総合実験を分担するのにくわえ、「少人数セミナー」という自由度の高い授業を担当することが推奨された。後者は義務ではなく、

図7・27　学部1年生を対象とした少人数セミナー「フィールド生物学入門」のようす（提供：藤井智久博士）.

九大のさまざまな教員が、ボランティア的に一年生向けの授業を開講していた。高推センターにいる間に教育実績をつけたかった私は二つ返事で志願して、フィールド生物学入門（前期）、環境生物学入門（後期）という授業を開講した。いずれも、全十五回のうち、半分は週末に振り替え、土日に野外でさまざまな実習をして、残りの半分は授業形式で、実習の内容を振り返るというスタイルで実施した。伊都キャンパスの生物多様性ゾーンでチョウのルートセンサスや虫こぶの観察会をやったり、福岡市の室見川の河川敷で、トノサマバッタの標識再捕獲を試み、個体数を推定したりと、さまざまなことに取り組んだ。（図7・27）

また、高推センターに所属する化学・物理学・地学の教員と連携して、「文系学生のためのサイエンスラボ」という少人数セミナーも開講し、文系の一年生に理科の楽しさを教える試みなどにも取り組んだ（淵田ら、二〇一二）。さまざまな試行錯誤をしながら新しいことにチャレンジする経験はたいへんでもあったがやりがいもあり、

図7・28　トウモロコシ圃場でヨコバイを採集する神代 瞬君（左）とそのようすを興味深そうに見つめる地元の少年（右）．ケニア・ナイロビ近郊にて撮影．

また、自然科学総合実験さえこなしていれば、自身の研究に関しては誰からも何も干渉されない環境であったので、本当に自由にさまざまな研究に取り組むこともできた。前述の伊豆諸島でのタマバエの研究や、オオムギ染色体導入コムギに関する研究の他、九州大学総合研究博物館の三島美佐子准教授が代表で応募されたインド・アッサム地方の虫こぶ形成昆虫を対象とした科研費・海外学術調査、交流協会による日台共同研究事業、九大学内の研究拠点形成事業など、二〇〇九〜二〇一〇年度にかけては、偶然にも多くのプロジェクト予算をいただくことができ、充実したなかで教育と研究に取り組むことができた。

二人の院生

高推センターにいた当時、私は九大の二人の大学院生の研究を側面支援していた。一人は農学部昆虫学教室にいた神代 瞬君（現・DeNA）（図7・28）で、のちに私が

図7・29　藤井智久君（左から2番目），筆者（左）と台湾の研究者たち．台北市にて撮影（提供：董 景生博士）．

佐賀大学に移った際に佐賀・琉球・鹿児島の三大学で構成されている鹿児島大学連合農学研究科の博士課程に進学し、私の研究室で博士課程をすごすことになる。神代君は、前述のオオムギ染色体導入コムギの研究を含め（Kumashiro *et al.*, 2011）、フタテンチビヨコバイによる虫こぶ形成に関する研究に中心的に取り組み博士号を取得した（Kumashiro *et al.*, 2014；2016 他）。

もう一人は、藤井智久君（現・九州沖縄農研）（図7・29）で、彼はもともと鹿児島大学理学部の出身だが、たまたま大学一年生のときに鹿児島大学で開催された日本昆虫学会大会の際に湯川先生と知り合い、その縁で、卒業研究でマサキタマバエの研究に取り組んだ。

そして、修士課程から九大比文で虫こぶ形成タマバチの研究をされている阿部芳久教授の元へと進学した。私は彼が進学してくる半年ほど前に、比文のすぐ隣の高推センターに着任したことから、進学後にはいっしょにタマバエの研究に取り組むことになった。

泥棒が住宅リフォーム？

マサキタマバエは、前述のように、厚型と薄型の二つのタイプの虫こぶを形成することが知られている。藤井君は、このタマバエと、タマバエに寄生するハチとの関係を調査した（Fujii *et al.*, 2014）。寄生蜂の仲間は、タマバエやタマバチなどの虫こぶ形成者の主要な天敵である。

虫こぶ形成昆虫の寄生蜂の産卵戦略は、早期攻撃型と晩期攻撃型の大きく二つに分けられる（Tokuda, 2012；徳田、二〇一四ａ）。早期攻撃型は、虫こぶが形成される前にタマバエの卵や若齢幼虫を攻撃し、タマバエの幼虫が成長するのをその身体の中でじっと待っている。そして、幼虫が成熟すると急速に発育を始め、タマバエ幼虫を体内から食い尽くす。それに対して、晩期攻撃型はメス成虫が長い産卵管をもっており、虫こぶが大きくなり、内部の幼虫が成熟した頃を狙って攻撃する。長い産卵管で虫こぶの壁を突き抜いて産卵するのだ。そして、幼虫室の中で、タマバエ幼虫を外側から食べ尽くす。

場合によっては、早期攻撃型と晩期攻撃型の両方が同じ虫こぶを攻撃することもあるが、その場合には晩期攻撃型のみが生き残る。なぜなら、晩期攻撃型の幼虫は、早期攻撃型が体内にいるタマバエ幼虫ごと食べてしまうからだ。したがって、早期攻撃型の幼虫にとっては、自身が生息している虫こぶを晩期攻撃型に攻撃されてしまうと困ることになる。

藤井君は、マサキタマバエの虫こぶの壁の厚さと、寄生蜂との関係を調べたところ、壁が厚い虫こぶでは、晩期攻撃型による寄生率が低くなること、早期攻撃型に寄生されると、厚型の虫こぶも、薄型の虫こぶも、それぞれ壁の厚みが増すこと、そして、早期攻撃型が寄生している虫こぶは、晩期攻撃型から寄生されにくいことなどを明らかにした（Fujiiet *al.*, 2014）。

これらの結果は、早期攻撃型の寄生蜂が何らかの方法でタマバエ幼虫を操作して、虫こぶの壁を厚くさせ、つまり、住まいを「リフォーム」させ、あとからやってくる晩期攻撃型の寄生蜂が侵入しにくいように仕向けていることを強く示唆している。寄生蜂が寄主昆虫の行動を操作する事例は過去にも多数報告があるが、いずれも移動性が高い寄主を対象にした研究であり、タマバエのような虫こぶの中で生活し、移動することができない昆虫でもこうした操作が見られたという点で、ひじょうに興味深い研究事例だと思っている。

インド・アッサム地方への派遣

インドといえば、もう亡くなられてしまったが「Ecology of Plant Galls（虫こぶの生態学）」（Mani, 1964）や「Plant Galls of India（インドの虫こぶ）」（第二版：Mani, 2000）など、多くの虫こぶ形成昆虫に関する文献を出版されたM. S. Mani博士に代表されるように、古くから虫こぶに関する研究が盛んな地域である。

前述のタブウスフシタマバエ属が最初に報告されたのもインドであり、葉の表側に丸みを帯びた壷状の虫こぶを形成するタマバエと、枝に太い壷状の虫こぶを形成するタマバエ、そして、私は実物を見たことがないが、*Lindera*属の植物に虫こぶを形成するタマバエの三種が知られている（Mani, 2000 ; Tokuda and Yukawa, 2007）。他の地域では、このグループのタマバエによる虫こぶは葉の裏側に形成されるが、なぜか（おそらくメス成虫の産卵場所が葉の裏側か表側かの違いだろうと思っているが…）インドでは、葉の表側に形成される（口絵11）。

私は高推センターにいた二〇一〇年一月に、日本学術振興会の特定国派遣研究者として、二週間ほどインド

図7・30　絹に関する物語が書かれたパネル．インド・アッサム州の Central Muga Eri Research and Training Institute にて撮影．

図7・32　ムガシルクで織られた民族衣装を着る女性たちの写真．インド・アッサム州の Central Muga Eri Research and Training Institute にて撮影．

図7・31　ムガサンの成虫．インド・アッサム州の Central Muga Eri Research and Training Institute にて撮影．

のアッサム地方に害虫タマバエの調査に赴いた。

アッサム地方は、おそらく世界で唯一、四種類のシルクを生産している地域である（図7・30）。

カイコガ *Bombyx mori*（カイコガ科）による絹の他、ヤママユガ科のエリサン *Samia cynthia ricini*、タサールサン *Antheraea mylitta*、ムガサン *Antheraea assama*（図7・31）を用いたシルク生産がおこなわれている。このうち、ムガサンが紡ぎだすムガシルクは、その黄金色に輝く美しい糸色（口絵12）から、別名ゴールデンシルクとも呼ばれており、

図7・33　インド・アッサム州にある北東科学技術研究所のMantu Bhuyan博士.

インド王族の礼装に用いられるなど、古くから重用されている（図7・32）。

Mantu Bhuyan博士（マントゥさん）（図7・33）というインドの研究者から、ムガサンの寄主植物であるクスノキ科タブノキ属の*Machilus bombycina*を加害するタマバエを同定して欲しいという依頼があり、それに応えるため現地を訪れたのだった。

時間が止まった場所

インドの人々は、とても活発でテキパキとしている印象が私にはあったが、アッサム地方は、現地の方いわく、インドの中でも特殊な場所だそうで、とてものんびりしており、まるで時間が止まったような空間であった。

現地ではアッサム州のジョルハトにあるNorth-East Institute of Science and Technology（北東科学技術研究所）という研究機関を拠点として調査に回った。

ここは国立の研究所であるものの、研究者の中には、朝九時頃に出勤してくると、一〇時か一一時にはティータイム休憩に突入

図7・34　インド・アッサム州にある北東科学技術研究所のゲストハウス.

し、その後昼休みと昼食ののち、一四時か一五時には「今日はちょっと用がある。」とか言ってそそくさと帰宅していく人がザラにいた。

私が現地に着いたとき、ちょうどゲストハウス（図7・34）の前の地面のタイルを張り替える作業がおこなわれていた。五人くらいの若者が、砂地の上にタイルを並べて固定していた。

残りの面積と作業人数からして、張り替えが終わるまで、あと二、三日はかかるかなあ、と漠然と思っていたが、私の目算は大きくはずれ、二週間後に帰国する頃になっても、いったいいつになったら終わるのかというくらい、張り替え作業は進んでいなかった。（一年半後の二〇一一年六月に研究所を再訪したときにはさすがに終わっていた。）

宿泊していたゲストハウスは、最新の電子式オートロックであり、カードキーをかざして開けるタイプであった。ただ、毎日のように短時間の停電が発生する影響でロックは自動的に解除され、帰宅すると必ずといっていいほど部屋のドアは半開きになっていたので、カードキーはなくて

図7・35　ゲストハウスでの毎日の食事.

も困らない状態だった。

ゲストハウスの食事（図7・35）は、朝食は焼いた食パン、昼と夜は、具は変われども常にカレー風味の炒め物や煮込みであり、それにインディカ米のご飯、ロティというナンのようなもの、ダルという豆のスープ、若いマンゴーやライムの実の漬け物、キュウリとトマトの輪切り、パパドと呼ばれるコショウの効いた薄い煎餅のようなものが毎食出された。はじめは美味しくいただいていたのだが、さすがに毎日同じ内容だとだんだんと飽きてきて、マンゴーの漬け物に拒否反応、ダルに拒否反応、パパドに拒否反応、という感じで、美味しく食べられるものが日々減っていった。

なお、この食べ物に対するトラウマは比較的長続きするようで、二〇一一年五～六月にインドを再訪した際、行きの国際線の機内で食事の添え物としてマンゴーの漬け物が出され、久しぶりに、と思って一口食べてみると、すぐに当時の拒絶感が蘇ってきた。

コラム　ミルクティー

マントゥさんに連れられて、アッサム州のあちこちの農園や自然林を調査に回ったが、一ヶ所調査をすると、そこの住民が、ちょっと寄っていきませんか、という感じで自宅に招待してくださり（図1）、砂糖たっぷりのミルクティー（図2）をふるまって雑談に興じるのがしきたりのようで、数十分はロスしてしまうので、本当に遅々として調査が進まなかった。

現地で初めて飲んだ際には、さすがに本場のミルクティーは美味しいな、と思ったのだが、あちこちで激甘のミルクティーを飲まされるうちに、だんだんと砂糖の甘さに嫌悪感を覚えるようになってしまい苦労した。

しかも、マントゥさんは、調査のついでに、各地にいる友人に会うのを半ば目的に

図1　インド・アッサム州の調査の際に立ち寄った民家にて.

図2　どこかに立ち寄るたびに提供される砂糖たっぷりのミルクティー.

しているような風潮がみうけられ、むしろ友人の住まいから逆算して農園を選んでいるのではないかと思うほど、どこかに行くたびに彼の友人が日替わりで登場してきた。

滞在の後半になってアッサム州の東の方に遠出をしようという話になり、現地で雇ったドライバーと三人で数泊の小旅行に出かけた。

その小旅行の最終日も、例外に漏れず、卒業以来久しぶりに会うという大学時代の友人二名が登場してきた。一人はいかにも体育会系で正義感の強そうな方で、マントゥさんの話では、彼は地元の裁判官のような立場でとても偉い地位にあり、小さな事件などは、彼一人の裁量で判決を下せるんだ、というようなことを言われていた（実際には裁判官とは少し違い、なんとなく西部劇に登場する保安官に近い役職なのかもしれないが、ここでは便宜上裁判官と呼ぶ）。もう一人はいかにもクールそうな警察官であった。ただ、詳しい事情は知らないが、今までに何人も人を射殺したことがある、と淡々と言われていた。

そして、その日の夜は、ミャンマー国境に近い町でフェスティバルがあるのでみんなで行こうという話になった。車でその町まで移動したあと、駐車場にドライバーを残し、私たち四人はフェスティバルの会場へと繰り出した。

図3　インド・アッサム州でのフェスティバルのようす．民族衣装をまとう現地の人々．

たくさんの出店にさまざまな品物が並び、現地の人々は民族衣装を着て踊り騒いでいた（図3）。そして、屋台のような食堂で夕食をとり、おおいに談笑した。

コラム「帰路の出来事」に続く

コラム　帰路の出来事

駐車場へと戻り、その日の宿舎への帰途に着いた。助手席にマントゥさん、後部座席のドライバー側に裁判官、真ん中に私、助手席側に警察官という並びで車に乗っていた。

マントゥさんは、私と話すときには流暢な英語であったが、その他にアッサム語やヒンディー語も堪能であった。そして、アッサムの人どうしで話す際にはアッサム語を使っていたので、車内では、私が関連する話題のときには英語で理解できたが、そうでない場合には何が話題になっているのかよくわからない状況だった。

車は町と町の間をつなぐ未舗装の山道を進んだ。両側は森に囲まれていて、車通りもほとんどなく、自分たちが乗っている車のライト以外には何も明かりが見えないような山道であった。

事件は、その道中で起こった。

私たちを乗せた車は、なぜかときどき、わだちを外れて蛇行するようになった。

マントゥさんとドライバーがアッサム語で何かを話すと、車はスピードを緩めてしばらく進むが、また徐々にスピードが上がってきて蛇行し…という状況がしばらく続いたとき、突然、私の隣の正義感の強そうな裁判官がドライバーに向かって何かを怒鳴った。私は横でビクッとした。

おそらく、「停めろ!」とでも叫んだのだろう。

ドライバーは車を停車させ、エンジンを切ってライトを消した。

辺りが暗闇に包まれた。

すると後部座席のドアが開き、裁判官が外に出た気配がした。そして彼は運転席のドアを開け、ドライバーを車外に引きずり出したようだ。間もなく何か殴るような打撃音が繰り返し聞こえてきて、それに合わせてドライバーの悶絶したようなうめき声が暗闇に響き始めた。

助手席と後部座席の反対側のドアも開き、インド人はみんな車外へと出たようだ。

マントゥさんの声が助手席側から車の前を回って足早に打撃音の方向へと移動していく。ドライバーと裁判官の間に割って入ろうとしているのだろうか。

私は緊張で背筋がブルブル震えたあと、カーッと頭に血がたぎるような気分になって、無我夢中で運転席側の車外に飛び出して、「やめろ、やめろ」というようなことを英語で暗闇に向かって叫んだ。

真っ暗な中で、何がどうなっているのか把握はできなかったが、私の頭の中では、このままだとドライバーが裁判官に殴り殺されるのではないかという恐怖が渦巻いていた。

マントゥさんの仲裁でなんとか暴行は収まったようだが、裁判官の怒りはまだ収まらず、ドライバーを罵るような声が聞こえてくる。

これらはほんの一瞬の出来事だったはずだが、私にはとても長い時間に感じられた。

その後、全員が再び車内に戻り、その後は引き続きドライバーが運転したのか、裁判官が運転を代わったのか（この車はマニュアル車で、マントゥさんはマニュアルの運転ができなかった）よく覚えていないが、いずれにしても慎重な運転で、異様な雰囲気の中で全員が無言のまま山道を走り続け、なんとか無事に宿舎までたどり着いた。

宿舎に戻ったあとでマントゥさんが説明してくれたところでは、ドライバーは私たちを待っている間に飲酒をしていたそうで、運転のようすがおかしいことに気がついたマントゥさんが「お酒を飲んだのですか?」と質問すると、

「少し飲んだ」と答えたので、「それなら危ないのでゆっくり運転しなさい」というようなやりとりがあったらしい。

しかし、ドライバーは酔った勢いですぐに調子に乗ってしまい、飛ばしはじめて道を外れてしまうので、見るに見兼ねた裁判官がブチキレて、例の暗闇でのコトに及んだのだそうだ。

その翌日は、長駆ジョルハトまで戻らないとならないが、運転できるのはドライバーしかおらず、いったいどうするのか尋ねてみると、マントゥさんは、明朝の彼のようすを見て、もしダメそうなら誰か別の人を雇えばよい、明日考えよう、と言って、その日は終わった。

結果的に、翌朝のドライバーは前日のことをまるで覚えていないかのようにケロッとして、ふつうの人に戻っており、朝食の際にマントゥさんといっしょにドライバーのようすをうかがっていたが、ま、大丈夫じゃないの、という意見で一致し、実際にその日は安全な運転でジョルハトまで戻ることができた。

後日、裁判官から、私に後味の悪い思いをさせてしまい申し訳ない、謝っておいてくれと連絡がきた、とマントゥさんが教えてくれた。

私は、気にしないでと伝えてください。悪いのは飲酒運転をしたドライバーだから。それに、ボクはあのとき何も見てないし、と言った。マントゥさんは、たしかに、あのときは（暗闇で）何も見えなかったな、と笑顔で言った。

アッサム最後の夜

そんなこんなで、アッサム滞在最終日の夕方。

私の目の前には、まだ測定や解剖や分別が終わっていない虫こぶがビニル袋に入ったまま山積みになっていた。

私はマントゥさんに、このサンプルを出発までにすべて処理しないといけないので、今夜は遅くまで研究室に残ってよいかと尋ねると、「もちろんだ。オレも手伝うよ。いっしょにやろう」と言ってくれた。

一つひとつ袋を開けて、虫こぶを処理していく。

すると、先ほどの発言から舌の根も乾かぬうちに、「あれ、そろそろ夕食の時間じゃないか。今日は最後の夜だから、スペシャルなところにつれて行ってやるよ」とマントゥが提案してきた。

夕食から戻ってから残りの作業をやることを確認してから出発した。

研究所の近くの、バーと食堂がいっしょになったような場所で、マントゥと仲の良い友人が合流して、三人で夕食をとることになった。

今度は「ウォッカを飲もうぜ」とマントゥが提案してきた。

虫こぶの処理があるから、ボクは一杯だけしか飲まないよ、と確認して注文してもらう。

話は盛り上がり、食事は終わり、ウォッカも飲み終わる。

さて、そろそろ戻って虫こぶの処理を…と思ったところ、

「ああ、それなら、お前が帰ったあとでオレがやっておくから大丈夫だ。心配するな。だから、もう一杯飲もうじゃないか」と、マントゥの野郎が提案してきた。

「いや、ちゃんと約束したじゃないか。食事のあとで虫こぶの処理をする、一杯しか飲まないって！　飲むんなら、お前らだけで飲め。オレは先に帰る。部屋のカギだけ貸してくれ」というと、

「わかったよ、わかったよ」という感じで、マントゥも渋々同意して、友人と別れ、二人で研究室に戻った。

男の約束

夜の八時か九時頃だっただろうか。もちろん建物はすでに真っ暗で、そんな時間まで残っている研究員は誰もいない。マントゥさんが研究室の電気をつける。

「あとは僕がやっておくから、マントゥさんは帰っていいよ」と伝えると、意外にも彼は、「いや、オレも手伝うよ。こんな量、とてもじゃないけどお前一人じゃ終わらないだろ」と言ってくれた。

そして、二人で手分けをして、一袋ずつ虫こぶの処理を黙々と進めていった。

夜中、「ティーでも入れようか」とマントゥさんが言ってくれた。

ただ、甘いミルクティーをもう飲みたくなかった私は、持参していたドリップオンのコーヒーがちょうどあと二袋残っていたのを思い出し、

「ありがとう。でも、こういうときにはスペシャルな飲み物があるから、それをいっしょに飲もうよ」と提案し、お湯だけを沸かしてもらった。

激甘ミルクティーに慣れているマントゥさんにとって、その日本式のブラックコーヒーはえげつないほど苦い液体だったかもしれないが、「ウウウウ、フフフ。でも、こりゃ、効くなあ」と言う感じで、ティーカップに注がれたコーヒーを全部飲んでくれた。

夕食でウォッカが出てきたあたりでは、またコイツらこの調子かよ…と、失望を感じていた私だったが、夜中にコーヒーを飲み干す頃には、二人の間に何ともいえぬ連帯感というか、信頼感のようなものがうまれていた。

マ「次は？」、徳「じゃ、これお願い。」…マ「次は？」、徳「はい、これ。」…という感じで、作業は延々と続いた。…そして、

マ「次は？」

徳「ないよ」

マ「え？」

徳「もうない」

マ「終わったのか？」

徳「うん、いまボクが処理しているので最後だよ」

マ「マジか。すげえな。ホントに全部終わったのか⁉」

徳「うん。これで全部終わりだよ。ありがとう！」

出発当日の朝、五時頃の出来事だった。

その日の朝は、研究所の所長にお別れの挨拶をする時間などが決まっており、宿に戻って出勤まで数時間しか余裕がなかったが、夜を徹して作業した余韻からか、いよいよ帰国の途につける興奮からか、私はほとんど寝付くことができぬままに荷造りなどをしてすごし、出勤時間を迎えた。

オフィスにはマントゥさんがすでに来ていた。彼もなぜか目が冴えて寝つけなかったそうだ（そしてそれは、ひょっとすると夜中のなれないブラックコーヒーのせいかもしれない…）。

所長のオフィスの他、現地でお世話になった皆さんのところを挨拶して回る際、マントゥさんは、「昨日の夕食のあとから今朝の五時まで、二人で虫こぶの処理をやって全部片付けたんだ。休憩なしで」と、必ず文末

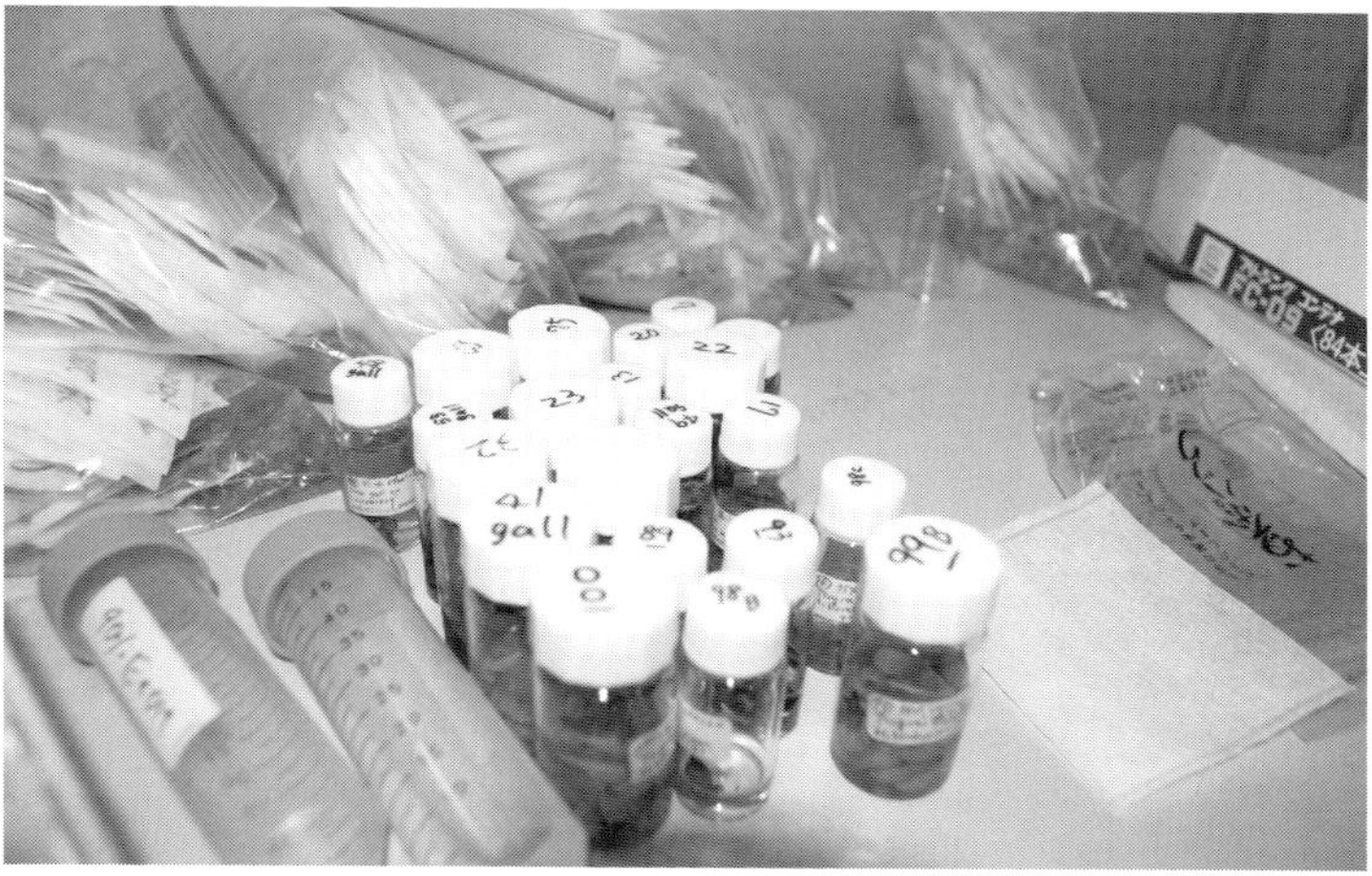

図7・39　インド・アッサム州の北東科学技術研究所の保管されている植物や虫こぶの標本たち.

に without rest（休憩なしで）をつけることを忘れずに、会う人すべてに興奮気味に武勇伝を語って回った。

アッサムではいろいろなことがあったが、今となってはすべて良い思い出である。

なお、このときに徹夜で寝る間もなく処理をしたタマバエの標本は、もともと先方から依頼してきた内容であるにも関わらずインド政府からのもち出し許可が得られておらず、いまだマントゥさんの研究室で眠り続けている（図7・39）。

第8章 虹色の研究室

鈴木信彦先生のご逝去

ちょうど、初めてのアッサムでの調査から一年が経った二〇一一年一月下旬のある日の夜、私は福岡の自宅のキッチンにいた。リビングのソファーでテレビを見ていた妻からの声が聞こえてきた。テレビでは、九州地方のニュースが流れていた。

「佐賀大学農学部の教授が火事で亡くなられたんだって。知り合いじゃないの?」

と妻が私に話しかけた。

「そうなんだ」

と顔をあげて、カウンターキッチン越しにテレビの画面を見て、

「え!」

と思わず声をあげた。

亡くなられた教授は、アリを介した植物と昆虫の相互作用などを研究されていた鈴木信彦先生であった。

私は鈴木先生の研究室にお邪魔したことはなかったが、学会などでお目にかかる機会も多かったし、つい最近では、二〇一〇年八月に九州大学箱崎キャンパスで開催された日本昆虫学会九州支部例会で私が講演をした際に、講演内容について、会場でいくつか質問をしてくださった。また、同十二月に九州大学で開催された日本昆虫学会九州支部大会にも参加されていた。この日、私は生憎と日中に別の出張が重なっており、夜に帰福したために日中の大会には参加できず、夜の部(懇親会)から参加したが、残念ながら先生は懇親会には参加されずに佐賀に戻られたそうで、お目にかかることはできなかった。

図8・1　山尾 僚君.

また、鈴木先生の研究室の博士課程の大学院生で、葉に花外蜜腺をもち、アリを呼び寄せて植食者から身を守ってもらうトウダイグサ科のアカメガシワ *Mallotus japonicus* の研究をしている山尾 僚君（現・弘前大学 助教）（図8・1）とは、二〇一〇年九月の日本植物学会大会の際にたまたま隣どうしでポスター発表をした縁で、その後もメールなどでの交流が続いていた。その、鈴木先生が亡くなられた、というニュースであった。私は翌朝、山尾君にメールを出してお悔やみを伝えた。

佐賀大学農学部の公募

鈴木先生の後任が公募されたのは、二〇一〇年の三月であった。応募資格の中で、研究内容に関しては、「動物と植物の相互作用について、生態学的観点からさまざまな生物学的研究手法によりユニークな研究を展開できる者」とあり、これはまさに私がこれまで取り組んできた研究内容に合致するため、応募することにした。

面接の連絡がメールで届いたのは、インドのダージリン（図

図8・2　インド・ダージリンの町並み.

図8・3　九大・高推センターの皆さんが開いてくださった送別会兼高推センター閉所パーティのようす(組織改編により，私の転出と同時に高推センターは基幹教育院となった).

8・2）で、虫こぶ形成タマバエの調査をしていた二〇一一年の五月下旬のことだった。そして、面接を経て採用が内定したのは七月だった。当初、佐賀大学の方からは同年十月からの着任を希望されたが、九州大学での後期の授業のこともあり、高推センターでは自然科学総合実験の担当が終わる翌年二月以降、できれば三月一日付にしてもらいたいという話であった。

しかし、さまざまな方のご尽力により、また、その年度の後期の間は、私が週に二回九州大学の伊都キャンパスに通って非常勤講師として自然科学総合実験の担当をするということで納得していただき、何とか二〇一一年十月に佐賀大学に着任する運びとなった（図8・3）。

虹色の研究室

二〇一一年十月一日、准教授として佐賀大学農学部応用生物科学科システム生態学分野に着任した。

私にとって、九州大学農学部昆虫学教室から数えて七つ目の研究室であった。システム生態学分野（＝研究室）は、教員一名（つまり私のみ）の分野であり、研究室の予算の管理や事務的な書類の作成など、研究室の運営はすべて自分が主体的に取り組む必要がある。

運営にあたり、これまでに経験した六つの所属先での研究室の運営方法にくわえ、着任後に所属メンバーから教えてもらった鈴木信彦先生の研究室運営の方針を参考にして、七つの研究室それぞれの良い面を採用し、場合によってはブレンドし、かつ、それらの単なる寄せ集めにならないように、私なりにアレンジをくわえたいわば「虹色の研究室」をめざすことにした。

虹は美しくも移ろい消えゆくものであるが、虹色のシステム生態学研究室は、着任から現在に至る約五年間のうちに、所属メンバーの実情に合わせて試行錯誤し、絶えず微修正をくわえながら、ようやく確固とした一つの色の研究室として前に進み出したように感じている。

着任時のメンバー

着任当時の研究室には、博士課程三年生として山尾　僚君がおり、修士課程二年に三名、修士課程一年に一名、四年生が一名、三年生が一名であった。さらに、特定研究員として学位取得後も研究を続けているメンバーが二名（書類上は別分野の所属になっていたが、実質的にはシステム生態学分野の所属であった）の合計九人がいた。そこに私が十人目のメンバーとして加わることになった。

メンバーの中で、山尾君はきちんと論文を書いており、しっかり研究しているという印象があったが、至急学位論文を取りまとめる必要があった。また、私の着任と同時に休学に入った学生や体調不良でまったく研究が進んでいない学生、これから卒論のデータをとり始めるという学生、音信不通で、誰も連絡先がわからないという学生など、着任当初の虹色の研究室は、まさに「十人十色」の状態であった。

着任当初は、慣れない業務をこなしながら山尾君の学位論文を仕上げつつ、各メンバーがかかえている問題を一つずつ解決していく作業に追われた。

初めての分属学生

佐賀大学に着任後の五年間は、それ以前の研究者生活を凌駕するほどの新しい経験の嵐であり、とてもそのすべてを紹介することはできないが、その中の一つのエピソードとして、ここでは一人の学生との出逢いについて述べたい。

一般的な国立大学の農学部では学部三年生の後期から研究室に配属される場合が多いと思うが、私が所属している佐賀大学農学部の応用生物科学科では、学部二年生の冬に研究室への配属が決まる。教員一人あたり二〜四名、希望すれば最大五名までの学生が配属されることになっている（配属法が少々複雑なので詳細は割愛するが、二名までは教員の裁量で配属が決まり、残りの学生は本人の希望と成績順で機械的に配属が決まる）。私の分野も例外なく、着任後間もない二〇一一年の一二月に二年生が五名配属された。

二年生とは、学生実験で二回顔を合わせただけであり、正直、いきなり五名もの学生がやってくるとは思っていなかったが、彼らと相談しながら、卒業研究のテーマを何とか決めることができた。私の研究室では、卒業研究のテーマを極力早めに決めるようにしている。とくに、野外でデータをとることが必要なテーマの場合、二年生の冬のうちにテーマを決めて計画を立てれば、三年生と四年生の二シーズン調査をすることができる。これで早めに分属されることの利点を最大限活かすことができる。

最初に配属された五名の二年生（図8・4）とも年が明けた頃から各人と何度か面談をして、この研究室を選んだ理由や将来の進路（学部卒で就職希望か、大学院への進学希望か、また就職希望の場合、公務員志望か民間企業志望か、後者の場合どのような職に就きたいか）や本人の性格、得手不得手、住んでいる場所（佐賀

図8・4
a）着任後はじめて研究室に分属された5名の卒業時の写真（2014年3月），b）それを全員が揃って研究室に来訪した際に再現した写真（2016年7月）．

大学は比較的アクセスがよいため、福岡や唐津、場合によっては熊本など、かなり遠方の実家から通学している学生も多い）と移動手段などなど、さまざまな要因を考慮に入れ、最終的には本人に納得してもらったうえでテーマを決定した。

ちなみに、現在もテーマ選びの際の基本的な方針は変わっていないが、学部二年生時点での進学希望か就職希望かという情報はあまり重要視していない。早い時点で配属されることの欠点といえるかもしれないが、この時点での希望は学年が進み研究を進めていくうちにまったく変わってしまうことも多いためである。現在もっとも重要視しているのは、漠然としていてうまく表現できないのだが、学生がもっている雰囲気というか、垣間見える資質というか、研究のことだけでなく、雑談も含めたさまざまな話をしているうちに見えてくる本人の個性、キャラクターのようなものである。それぞれの学生がこの研究室であるテーマに取り組んでいるようすを何度も頭の中でイメージしてみて、もっとも「絵になる」というか、頭の中でしっくりくるテーマを本人に勧めるようにしている（研究室の関係者もこの文章を読むかもしれないので補足しておく…何だかよくわかんない決め方でゴメンなさいね。でも、何度も何度もシミュレートしてみて、そのたびに同じ結論にいき着くまで熟慮を重ねたうえで決めています。けっして、適当に決めているわけではないですよ）。

世代を越えた出逢いと別れ

話が少しそれてしまったが、最初に配属された二年生五名の中に、緒方さんという学生がいた。彼女は昆虫に興味があるという。例によって、緒方さんともいろいろな話をしていたら、なんと彼女は、私が学部三年生の頃にカゲロウ採集にいっしょに回ってくださった緒方　健さんの娘であった（以後、誤解を避けるため、父の方を健さん、娘の方を緒方さん、と呼ぶ）。

私が学部三年生の頃の健さんは、佐賀大着任時の私とほぼ同年齢だったようで、当時たいへんお世話になった方の年齢に達した頃に、今度はそのときの私の年齢になろうとしているその方の娘さんのめんどうを見るという、何とも世にも奇妙な巡り合わせというか、世代を越えた出逢いには本当に驚いた。

じつは健さんとは、私が卒業研究のテーマを変えたこともあり、学部四年生になって間もなくの時期以降はお目にかかる機会がなかった。緒方さんの話では、健さんは体調を崩して入院されているとのことだったが、そのときには詳しい病状までは聞かなかった。

配属された五名の中で、個人的な事情から特定の学生の保護者と親しくするのは好ましくないのではという気持ちがあったため、健さんには緒方さんが無事に卒業した暁にご挨拶に伺い、不義理をお詫びしようかと考えていた。

結果的にこの思いは、当時の私の考えとはまったく違ったかたちで実現せざるをえなくなってしまった。健さんは、緒方さんが四年生のときに他界されてしまった。

私が健さんのもとを訪れたのは、緒方さんの就職が決まり、卒業式が終わって間もなくの二〇一三年三月末であった。

緒方さんの自宅の仏壇には、健さんの微笑んだ遺影が置かれていた。私は仏前で手を合わせ、心の中で緒方さんの卒業と就職とを報告し、それまでの不義理を詫びた。そして、緒方さんや緒方さんの母親から、生前の健さんの話や緒方さんが幼かった頃の話などをうかがった。話をしているうちに、健さんがまだお元気だった頃、そして私がまだ学部三年生だった頃が懐かしく思い出された。

アリによる種子散布の適応的意義

緒方さんは、アリによるオドリコソウ属 *Lamium* の種子散布に関する研究に取り組んだ。

植物は自身で移動することができないため、風や海流、動物など、さまざまな手段を用いて種子を散布する。アリにより種子を散布してもらう植物も知られている。いわゆるアリ散布植物である。アリ散布植物の種子には、エライオソームといわれる付属体が付いている。エライオソームは脂肪分などの栄養素に富み、アリにとって魅力的な食物であるため、アリは種子ごと巣まで運び、エライオソームの部分を食べる。そして、種子本体は巣口周辺のゴミ捨て場などに捨てる。これにより、種子の散布が成立する。アリにより種子を散布してもらうことにより、植物にとってどのような適応的意義があるのかについてはさまざまな説があるが、その中で、緒方さんは「天敵回避仮説」に着目して研究に取り組んだ。オドリコソウ *Lamium album* var. *barbatum* やヒメオドリコソウ *Lamium purpureum*、ホトケノザ *Lamium amplexicaule* などのオドリコソウ属の種子は、種子食性のカメムシなどさまざまな植食者により食べられる。トビイロシワアリ *Tetramorium tsushimae* などのアリが種子をアリの巣の周辺に運ぶことにより、こうした天敵の食害から逃れることができるのではないか、という説だ。そして、野外観察や野外実験、室内実験を実施した。

このうち、室内実験では、緒方さんは植木鉢の底に敷くような大きな円盤状のプラスチック皿を用いて実験用のアリーナを作り、皿の中心部に小さな穴を空け、そこに皿の裏側から実験室で数を揃えて飼育しているトビイロシワアリの人工巣の巣口をつないだ（図8・5）。アリーナの周縁部の壁面には、内側にアリが滑って登れなくなるような粉をまぶしているため、巣口から出てきた働きアリは、アリーナの内部でのみ食物を探して歩き回る。このようにアリがいる条件と、空っぽの人工巣をつなげてアリがいない条件のアリーナを準備して、アリーナ上にホトケノザの種子を配置し、アリーナの中にオドリコソウ属の種子を食べることが知られているフタボシカメムシ *Adomerus rotundus* の成虫を放してビデオで記録した。そして、一定時間内にどれだけの種子が食害されるかを記録した。その結果、アリに運ばれた種子は、アリの巣口の周辺に散布されることにより、種子食性のカメムシから加害されるリスクが低下することを実験的に明らかにした。

この成果は緒方さんの卒業研究の一部であり、緒方さんが卒業後、当時博士課程の大学院生であった田中弘

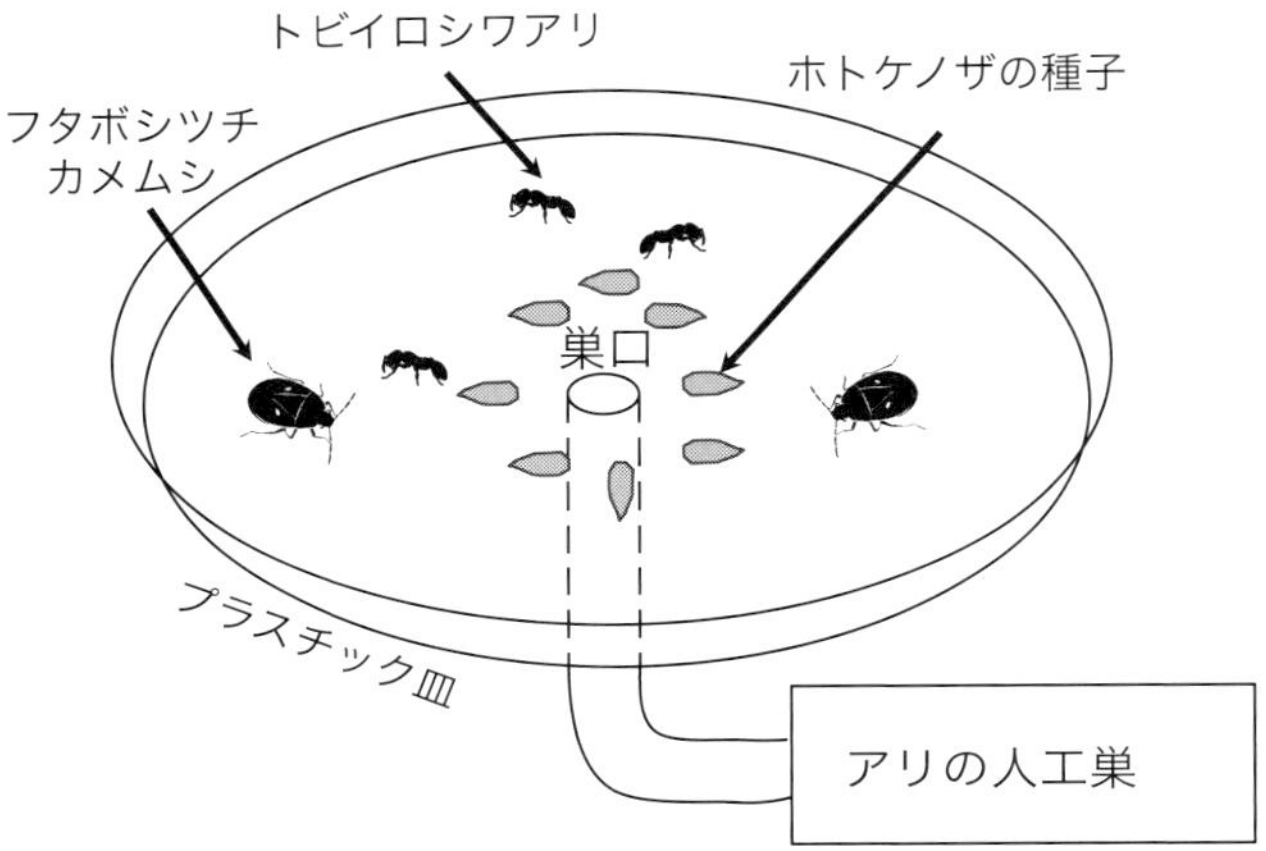

図8・5　アリの存在がオドリコソウの種子の食害回避に及ぼす影響を調べるための実験装置の模式図.

毅君が、ビデオの内容を再解析したり、試験回数を増やしたり、追加の実験を実施したりして原著論文としてとりまとめ、学術雑誌に発表した（Tanaka *et al.*, 2015）。私としては、健さんへの恩返しとまではいかないが、緒方さんが取り組んだ成果を論文として発表できたことがとても嬉しく感じられた。

もう一つの不義理

私にはもう一つの不義理があった。私はつい最近まで、急逝された前任の鈴木信彦先生の墓参を果たせていなかった。鈴木先生のお墓は東京にある。佐賀大学に着任し、鈴木先生からシステム生態学分野を引き継いだことをいずれ報告に伺わねばとずっと考えていたのだが、なかなかそれを実現できなかった。

着任当初は私も一杯一杯で、もう少し落ち着いたら、とも考えていたのだが、なんとなく、わざわざ東京まで墓参にくる時間があるなら、その分、今いる学生を育てるために時間をかけなさい、と、鈴木先生から諭されそうな気がして、また、何よりも鈴木先生が残したままにされた学生たちをきちんと卒業させ、研究室を立て直して再び軌道に乗せることこそが、鈴木先生に対する本当の意味での供養になると考えたため、けっきょく墓参を果たせずにいたのだ。

私が鈴木先生の墓前で手を合わせることができたのは、鈴木先生が残していかれた最後の学生が巣立ってから一ヶ月あまりがたった二〇一六年五月のことだった。

きっと、私が墓前に報告に伺わずとも鈴木先生はすべてお見通しだったのだろうけれども、私自身のけじめとして、そして、この研究室をより一層発展させていく決意を込めて、巣立っていった学生たちとこの研究室を、これからもどうか見守っていてください、と心の中でつぶやいた。

研究の五本柱

私はシステム生態学研究室に着任するにあたって、心の中で二つの方針を立てた。一つは、鈴木先生が続けてこられ、論文化しようとされていた研究を極力すべて引き継ぐことである。私が着任する以前からこの研究室にいたメンバーにとっては、教員が代わることはけっして望んだことではない。したがって、私が来たことにより、以前よりも研究がしづらくなっては私が来る意味がないと考えた。私が来たことにより、鈴木先生がいらっしゃった頃か、あるいはそれ以上に研究しやすい環境にしなければならないと考えた。二つ目は、私自身がこれまでに取り組んできた研究手法を活かし、私が来なければ、システム生態学研究室では取り組まなかったであろう研究を立ち上げることである。この二つにより、鈴木先生がこれまでにこの研究室で培ってこられたことも活かせるし、私がこの研究室に来て研究に取り組む意義もうまれてくる。

そして、着任からの二〜三年間は、システム研に、研究の五本の柱を立てることにした。

一本目は、昆虫をはじめとするさまざまな生物の生態解明に関する研究。これは鈴木先生も取り組まれていたし、私も取り組んでいた内容である（Adachi *et al.*, 2016 他）。また、これは他の四本の柱とも密接に関連し、研究室の核となるべき研究である。

二本目は、植物の被食防御に関する研究。これは、鈴木先生時代のシステム研で、前述の山尾君を中心として取り組んでいた内容である（Yamawo and Tokuda 2015 ; Yamawo *et al.*, 2015 他）。植物が、物理的防御（棘など）や化学的防御（毒など）といった直接的防御や、アリを介した生物的防御などをいかに使い分けているか、などを研究している。

三本目は、植物の種子散布に関する研究。これも鈴木先生時代のシステム研で、前述の田中君を中心に取り組んでいた研究である。とくにアリによる種子散布の適応的意義について研究している（Tanaka and Suzuki, 2016 ; Tanaka and Tokuda, 2016 他）。

四本目は、寄主操作に関する研究。これは私がまさに虫こぶ形成昆虫を対象に取り組んでいた研究で、寄生性の昆虫が寄主植物や寄主昆虫をどのように操作しているか、またその操作にどのような意義があるかという研究である。私が着任後、九大の修士課程から鹿児島連大の博士課程に進学し、システム研で学位をとることになる神代君を中心に取り組んだ（Kumashiro *et al.*, 2016 他）

五本目は、害虫防除に関する研究。これも私が農水省系の研究機関にいたときに取り組んでいた内容である（Suematsu *et al.*, 2013 他）。現在は、侵入害虫であるチュウゴクナシキジラミ *Cacopsylla chinensis* をはじめ、トノサマバッタ、オリーブアナアキゾウムシ *Pimelocerus perforatus* などの研究に取り組んでいる。

新たに研究室に分属された学生や、他大学や他学科から進学してきた学生に対しては、本人にどのような内容が適しているかを考えるとともに、研究室全体としての五本柱のバランスも考慮に入れながら各人のテーマについて検討してきた。

学生やポスドクとしてのフィールド調査と教員としてのフィールド調査

私の場合であるが、学生やポスドクの頃は、ほぼすべての時間を研究に費やすことができたし、予算の範囲内で、比較的自由にフィールド調査に赴くことができた。九大の助教時代も、自然科学総合実験や授業の担当さえこなしていれば、それ以外の時間は自由に研究活動に取り組むことができ、フィールドでさまざまな調査ができた。

一方、佐賀大に異動し、研究室運営に携わるようになってからは、全学や学部の会議や入試関連などのさまざまな業務、学部や大学院の授業、卒業論文、修士論文、博士論文の指導などに多くの時間を費やす必要があるうえ、パーマネントの職を得たとたん、関連学会の役員や、国や県関係の委員の仕事などが多数回ってくるようになったため、自分自身の研究やフィールド調査にさける時間が圧倒的に少なくなった。

したがって、私の場合、もっともおもしろいと感じる研究で、早く成果をあげたいテーマや、研究を完遂するうえである程度時間がかかるテーマに関しては、基本的に卒業論文や修士論文のテーマとして学生に担当してもらい、私は補佐役に徹することにしている。そして、私自身が中心に取り組む内容は、うまくいくかどうかまだよくわからない「芽出し研究」（うまく行きそうな気配が見えれば、学生のテーマとして任せる）や、卒業した学生の論文を学術雑誌に投稿するうえで足りないデータの補足に重点をおくかたちになっている。

また、自分一人であれば、予算がとれなかったときはなるべくお金のかからない研究テーマを優先し、お金がかかる研究は我慢すればよいが、二十名ほどの構成員がいる研究室の場合、どうしても経常的にある程度の研究予算が必要となる。ただ、地方大学ではとくに財政事情が厳しいため、大学からの経常的な予算はほぼまったく期待できない。したがって、外部資金を獲得する際には、どうしても、予算規模よりも採択率の方を重視せざるをえなくなってしまう。また、自身が代表で応募できる課題数は限定されるため、さまざまな研究者と共同研究に取り組み、なるべく多くの課題に代表者や分担者として加わるように心がけている。

フィールド調査に赴く場合にも、かつては比較的長期間の遠方での調査にしばしば赴いていたが、最近は研究室を長期間不在にすることが困難であるため、数日の予定を何とかこじ開けて、その機会にピンポイントでもっとも重要な地点に赴くという「電撃訪問型」の調査が多くなっている。

九州昆虫セミナー

私が大学院生だった頃、佐賀大学農学部の藤條純夫教授（当時）らを中心に、佐賀大・九大・九州沖縄農研の昆虫学関係の研究者の間で、「昆虫生理生態談話会」という集まりが不定期に開催されていた。

そのおかげで、私もときどき佐賀大学の農学部に講演を聞きに来る機会があり、同世代の大学院生で、佐賀大学で昆虫を研究していた糸山　享博士（現・明治大学）や弘中満太郎博士（現・浜松医科大学）などと当時

図8・6　九州昆虫セミナーのようす.

から交流があった。

この集まりは、私が九州沖縄農研からつくばの産総研に移動した頃から立ち消えになってしまっていたが、私が佐賀大学に着任するにあたり、送別会に集まってくださった九大関係者からぜひ復活するようにという声をいただいたし、私が佐賀に着任した直後には、藤條純夫先生が、かつての生理生態談話会の開催資料一式を私の部屋にもってきてくださり、直々にぜひ復活させてください、とおっしゃった。

何より、私自身もこうした集まりの重要性を強く認識していたし、九大、九州沖縄農研、佐賀大という、かつての昆虫生理生態談話会の運営母体のすべてで勤務した私の経歴からしても、これを復活させるのは私しかいないという気がしていた。

そして、多くの皆さまの協力のおかげで、佐賀大学着任から半年あまりが経過した二〇一二年六月に、「九州昆虫セミナー」を立ち上げることができた。この集まりは、佐賀大学や九州沖縄農研、九州大学の他、九州の各地において二〇一六年八月までの四年あまりの間に六十回近く開催された。そして、昆虫に限らず植物や哺乳類などさまざまな研究者の皆さんに話題を提供していただき、これまでにのべ一千七百人以上が参加してくださっている。

九州昆虫セミナーにおける私の役割は昆虫関係者のいわばプラットホームと

いうか、潤滑油のようなものであり、九州のどこかでオープンセミナーが開催可能な場合に教えてもらい、それを昆虫関係者に周知するのがおもな役目である。そして、今後もできるかぎり継続していき、このセミナーがきっかけとなって何か新しいことがうまれたり、何かのヒントになって研究が発展してくれればと願っている（図8・6）。

藤條純夫先生

九州昆虫セミナーの話題になったので、藤條先生の話をさせてもらいたい。

佐賀大学名誉教授の藤條純夫先生（図8・7）は、私の恩師である湯川先生と共に長年にわたり九州の応用昆虫学を牽引してこられた湯川先生の盟友というべき人物であり、お二人は奇しくも二〇〇四年三月に同時に退職された。湯川先生も藤條先生も、ご退職後も研究活動を継続され、引き続き意欲的に論文を執筆されるとともに、学会大会やセミナーなどにも頻繁に参加されていた。

藤條先生とは学生時代にはときどきお目にかかる程度であり、その後もさまざまな集まりでごいっしょする機会はあったが、先生のご専門は昆虫生理学であり、私は分類学や生態学的な研究に取り組んでいたこともあり、これまでに何か共同で研究したことはなかった。しかし、私が佐賀大学に着任するにあたり、まるで自分の子どもの就職が決まったかのように、本当に喜んでくださった。

藤條先生はいつも突然、ひょっこりと研究室にお越しになられた。あるときは、自宅のパソコンの調子が悪く、少しデータを整理させて欲しいと、またあるときは、講演で卒業生の作成した図を使いたいが、オリジナ

図8・7　藤條純夫先生（右）と研究室の学生たち．田中誠二さん（右から2番目）が佐賀にお越しになられた際，日の隈山（神埼市）の調査地を案内してくださった．

ルのデータが見つからないのでスキャナで卒論を取り込ませて欲しい、など、ご自身の用件で見えられるときもあったのだが、そうでないときもあった。

前述の昆虫生理生態談話会の件で後押しされて九州昆虫セミナーを立ち上げたときもそうだが、時として藤條先生はキーマンとして登場されるときがある。ある日には、藤條先生らが採集されたチョウの標本箱を「授業で使えるかも」と言ってもってきてくださった。その中には、ベイツ型擬態をしたチョウとそのモデル種が並べられていた。ベイツ型擬態とは、毒をもたない種（＝擬態種）が毒をもつ種（＝モデル種）に見た目を似せる現象である。ちょうど授業でその話をしようと思っていたところだったので、ひじょうにありがたくいただき、現在でも毎年、擬態の話をする際には使わせていただいている。

図8・8　藤條純夫先生がハスモンヨトウの調査をされていた圃場のようす．

「奇跡のヤサイ」

藤條先生はご退職後もボランティアで農学部の昆虫系研究室が共同で使っていた圃場の管理をしてくださっており、誰も使っていない場所にさまざまな野菜を植えられて、そこに産卵に来るハスモンヨトウ *Spodoptera litura* の調査をされていた（図8・8）。

昆虫の調査をしているため、殺虫剤などを使うことは御法度であり、圃場の野菜は完全無農薬であった。しかし、驚くほど立派な野菜が収穫でき、よくお裾分けをいただいた。

九州沖縄農研でセミナーがあるときに車でごいっしょする機会があり、「先生、どうして無農薬であれだけ立派な野菜が毎年できるんですか？」とお聞きしたことがある。

すると藤條先生は、「いや、何もしていないんですよ。私は苗を植えるときに、倒れないように支柱を立てるだけしかしていないんです。それが不思議なことに、よく野菜ができるんですよ。他の方からも驚かれるんですが、本当に不思議です」というようなことをおっしゃった。

いや、さすがにそんなわけはないだろう、と思い、圃場での実験のあいまに、私は藤條先生の「奇跡のヤサイ」ができるようすをうかがっていた。藤條先生は、毎日のように圃場に来られ、草取りなどさまざまな農作業をされる。そして、サトイモやダイズの葉を一枚ずつ素早くていねいに確認し、ハスモンヨトウの卵が付いていないかを調べ、卵が付いていると取り除かれる。そのついでに、あるときはホオズキカメムシの幼虫が集団でナスを吸汁していると、サラッと取り除かれる。そして、一通りルーティーンの作業をこなされると「今日も暑いですねえ」などと笑顔で声をかけられ、颯爽と去って行かれる。

藤條先生の中ではおそらく、とくに害虫防除をしているつもりではなく、単にハスモンヨトウのデータをとられているだけで、「何もしていない」のだろうが、実際には、誰にもできないくらい丹念に害虫を見つけては除去されているようすだった。

これだけの愛情をかけられたなら、むしろ育たない野菜の方がおかしいくらいである。処理区と対照区を設けて実験的に検証したわけではないので実際のところはよくわからないが、私の中では、藤條先生の圃場の不思議は、先生の日頃のようすを見ていて何となく解決した気持ちになった。

藤條先生の「教育論」

私は藤條先生ほど教え子や周りの方から慕われる方にお目にかかったことがない。お人柄というか、ご人徳というか、どういう言葉がもっともふさわしいか、うまく表現できずにもどかしい気持ちであるが、とにかく藤條先生は、名誉教授でいらっしゃるにも関わらず、まったくエラソぶるというか、奢るような態度をとられることがなく、いつもじつに気さくに、屈託なく接してくださる方であった。

藤條先生を横で拝見していると、思わずこちらが何かをして差し上げたくなるような、不思議な魅力というか、天性のオーラをもたれている気がいつもしていた。

そして、藤條先生門下の錚々たるメンバーと交流していると、いったいどうしたら、これだけの人材を育てられるのだろうかと本当に不思議に感じた。そして、ぜひともその教育のコツをうかがいたいと思い、さまざまな機会に藤條先生のお考えを引き出そうと試みた。

しかしながら、結果的には何をどう尋ねても「奇跡のヤサイ」と同じようなお答えであった。いや、私は何もしていないんですよ、本当に何もしていないんです、学生がみんな勝手に育っていったんです、私は不思議といい学生に恵まれたんですよ…、と。

ただ、私はそれは間違いだと思う。

世の中、そんなに都合がよいわけはない。

きっと藤條先生は、学生に何か教育したという認識がないだけで、「奇跡のヤサイ」と同様に、学生に対して日頃からたっぷりと愛情をかけられたに違いない。

藤條先生には本当にさまざまなお話をうかがったが、私の記憶の中では、先生の口から教え子の悪口を聞いたことがなかった。

それはおそらく藤條先生の素直なお気持ちだったと思うが、彼はどこがすごい、彼女はどこがすごい、と、とにかく過去にめんどうをみた学生の良いところをいつも自分の子どもを褒めるようにおっしゃっていた。

結果的に、私は藤條先生から「教育論」を引き出すことには失敗してしまったのだが、学生の将来のことを第一に考え、一人ひとりに対して日頃から愛情をかけることが大事なのかな、という自分なりの結論に至っている。

最後の会話

じつは藤條先生は、私が佐賀大学に着任した頃から癌におかされており、二人きりになったときのお話では、あと一年もたないかも、という話をされていた。それもあって、また、私自身が圃場を使った実験をしたかったこともあり、着任した翌年の二〇一二年度からは、圃場の草刈りなどの作業はなるべく藤條先生にご負担をおかけしないようにして、システム研や昆虫系研究室のメンバーに協力してもらっていっしょにやるようにした。そして、二〇一三年度からは、システム研が中心となって圃場管理をするようになった。

藤條先生の病状は良くなったり悪くなったりの繰り返しであったようだが、二〇一三年の秋頃までは、お見かけするかぎりは元気にすごされていた。九州昆虫セミナーにも二〇一四年二月まで参加してくださった。

晩年の藤條先生は、圃場でのハスモンヨトウのご研究とともに、佐賀市の隣の神埼市にある日の隈山に通われて、ベニツチカメムシ *Parastrachia japonensis* の生態を調査されていた（図8・9）。ご自身で日の隈山に赴くことが困難になってからも、教え子の方々が協力されて、車で日の隈山にお連れしていた。先生は二〇一四年五月頃まで調査を続けられ、六月に入院、そして、七月に逝去された。

入院されたことはごく近親者を除いて伏せられていたこともあり、私は藤條先生が危篤状態になられた七月になってお見舞いにうかがった。

図8・9　ベニツチカメムシ．日の隈山（神埼市）にて撮影．

その頃の藤條先生は声を出されることはなかったものの、こちらが話しかける内容は理解してくださっているようで、話しかけると表情を変えて答えてくださっていた。

私が藤條先生の声を最後にお聞きしたのは、先生が入院される前の二〇一四年五月一二日の朝であった。その日は、産総研時代に同僚だった菊池義智さんが来てくださって、九州昆虫セミナーを開催することになっていた。朝から生憎の雨であったが、菊池さんはカメムシの共生微生物を研究されていて、せっかくの機会なので、セミナーの前に日の隈山にベニツチカメムシを見に行こうという話をしていた。

ちょうど出発しようとしていた矢先に、藤條先生が私の携帯に電話をかけてこられた。用件は、自宅にある昆虫関係の本を差し上げたいのですが、大学までもっていくことが難しいので自宅まで引き取りに来てくれませんか、という内容であった。

私は二つ返事で「ぜひうかがいます」とお答えした。

また、今から菊池さんとベニッチカメムシを見に行くところです、とお伝えすると、少しなら採集しても良いですよ、と言ってくださった。

これが藤條先生と私との最後の会話となった。

遺産と借金

藤條先生のお近くですごしたのは、着任から三年にも満たない期間だけであったが、その間にたくさんのことを教えていただき、何物にも代え難い経験ができた。

私にとって佐賀大学はとても居心地がよく感じているのだが、それは生前の藤條先生がとても優しく接してくださり、常に励ましてくださったことにくわえ、藤條先生のことを心より慕われている教え子の皆さんが周囲にたくさんいらっしゃり、その方々が私たちの教育研究活動に対して本当に快く協力してくださるからである。藤條先生の「遺産」におおいに甘えさせていただいているといってもけっして過言ではない。

藤條先生からたくさんのご恩をいただいたにも関わらず、先生は、まるで私たちのことを邪魔してはいけない、とでも思われたかのように、人知れず入院され、本当に静かに旅立たれた。

藤條先生への「借金」をお返しする機会は永遠に失われてしまったが、いただいたご恩は、佐賀大学農学部で学び巣立っていく学生に、藤條先生が愛された学生たちに、真摯に向き合って愛情を注ぐことにより、お返ししていきたいと考えている。

第9章
ゴールからのスタート

図9・1　佐賀自然史研究会顧問の岩村政浩先生（中央）と現会長の副島和則先生（右），筆者（左）．

佐賀自然史研究会二十周年講演会

私は現在、県内の二つの生物関係の任意団体に所属している。佐賀自然史研究会（以降、佐自研）と佐賀昆虫同好会（以降、佐賀昆）である。佐自研は、植物や動物、鳥、魚、昆虫などさまざまな生物に興味をもたれている方々の集まりであり、春、夏、秋に観察会を、そして冬に研究発表会が開催されている。佐賀昆は文字どおり、昆虫が好きな方々の集まりである。こちらは、年に三度の例会（春に採集会、秋に談話会、そして冬に総会を兼ねた講演会と談話会）が開催されている。

佐自研は二〇一三年に創立二十周年を迎え、佐賀大学において同年十月に記念講演会が開催された。講演者は、鹿児島大学理学部の佐藤正典先生と長崎県生物学会の松尾公則先生であった。佐藤先生は、「有明海の美しい泥干潟」という演題で、有明海の生物の豊かさに関して講演され、松尾先生は「多良山系の動物」という演題で、佐賀・長崎県境にまたがる多良山系のヤマネ *Glirulus japonicus* を中心とした哺乳類やさまざまな動物に関して講演された。

また、創立以来長年にわたり佐賀自然史研究会の会長を務められ、現在は顧問をされている岩村政浩先生（図9・1）が、「佐自研の思い出」と題されて、国内では佐賀県の有明海沿岸の泥干潟にしか生育していないアカザ科の塩生植物シチメンソウ *Suaeda japonica* などについて講演をされた。

この二十周年記念講演会は、私にとっていろいろな意味で転機となった。

虫こぶで眠るヤマネ？

有明海は、熊本・福岡・佐賀・長崎県に囲まれた湾であり、日本でもっとも干満差が激しい場所である。その影響などにより、佐賀県や長崎県の沿岸には、日本最大の泥干潟が広がっており（長崎県側は、諫早湾の干拓事業によりほとんど消失したが…）、ムツゴロウ *Boleophthalmus pectinirostris* やワラスボ *Odontamblyopus lacepedii* といった特徴的な魚に代表される特有の生物が多数見られる。佐藤先生や岩村先生の講演をうかがい、その多様性に感銘を受けるとともに、せっかく日本最大の干潟を目の前にした環境にいるので、ぜひいつか、有明海の生きものを対象とした研究に取り組んでみたいと考えるようになった。

また、佐賀県に生息する哺乳類では唯一の天然記念物であるヤマネに関しては、多良山系の長崎県側では松尾先生が継続的に調査を続けられていたが、佐賀県側では、一九九九年に初めて県内で生息が確認されて以降、本格的な調査がまったく実施されていなかった（鶴田ら、二〇〇一）。さらに興味深いことに、松尾先生の講演の中で、ヤマネがツバキ科のヤブツバキ *Camellia japonica* に形成された菌によるこぶ（菌えい）の中で仮眠していたことを紹介され、過去の文献の中で、どの種類かは不明だが、マンサク科のイスノキ *Distylium racemosum* の虫こぶでも眠っていることがあると書かれていることを知った。これはまさに、虫こぶ形成者が生態系エンジニア（コラム「生態系エンジニア」参照）として機能しているという格好の例ではないかと考え、ぜひこの目で、虫こぶの中で眠るヤマネを見てみたいと考えた。

佐賀大学は県内では唯一の総合大学であるものの、国立大学の中では規模が小さい大学であり、野生生物を対象に研究している教員は私も含めわずか数名しかいない。野生の哺乳類や鳥を研究している教員はおらず、水産系の組織がないため、魚を専門に研究している教員も実質不在である。逆にいえば、妙な「なわばり」のようなものがないため、たとえば、私が哺乳類や魚類の研究に取り組もうと思った場合、誰にも気兼ねなく取り組むこともできる。

さらに、私の着任した研究分野は、システム生態学分野という、何を研究してもよさそうな分野名であり、昆虫と植物の研究だけをやっていてこの分野名を名乗るのはむしろおかしいといってもよいような名前でさえある。

コラム　生態系エンジニア

生物は周囲の環境からさまざまな影響を受けるが、中には、生態系を物理的に改変して環境に変化を及ぼし、それによって他生物にさまざまな影響を与える事例も知られている。たとえばビーバー Castor spp. が木を切り倒してダムをつくると水の流れが大きく変わり、川だった部分に大きな池ができる。このような変化は、そこに生息するさまざまな生物に影響を及ぼす。このビーバーのような役割をもつ生物のことを生態系エンジニア（Ecosystem engineer）と呼び、ダムをつくるような行為のことを生態系エンジニアリング（Ecosystem engineering）と呼ぶ（Jones *et al.*, 1994）。虫こぶをつくる昆虫も、植物の形を物理的に変化させ、場合によっては樹木の形状にまで影響を与える。すると、その植物を利用する他の生物にもさまざまな影響が及ぶことから、生態系エンジニアとみなすことができる（Ohgushi *et al.*, 2005他）。

ヤマネの研究に着手

そんな気持ちを心の中で抱いていたところ、その年の一二月に分属された学生の中で、哺乳類の研究に取り組みたい、という学生が一名いた。私はぜひ、虫こぶの中で眠るヤマネをこの目で見たいことと、イスノキの虫こぶやヤブツバキの菌えいがどの程度の頻度でヤマネに利用されているのかを調べてみたかったため、これ幸いと、その学生と共にヤマネの分布や生態を明らかにする研究に取り組んでみようと考えた。

翌二〇一四年の三月に、松尾先生に多良山系長崎県側の調査地を案内していただき、調査の方法などを教えていただいた。そして、佐賀自然史研究会の現会長で、コウモリの研究などに取り組まれており、一九九九年の佐賀県内でのヤマネの初確認の際にも携わられていた副島和則先生（佐賀自然史研究会）（図９・１）や、研究対象はトンボや魚であるが、以前からシステム研によくお越しくださり、ゼミなどに参加してくださっていた中原正登さん（牛津高等学校）に協力を依頼し、佐賀県内で初めてヤマネが確認された多良岳の中山キャン

図9・2　佐賀県内の森林でのヤマネの調査のようす．調査地に仕掛けたカメラに撮影されている内容を確認中の学生たち．

プ場などを案内していただいた。さらに、森林総合研究所九州支所で哺乳類の研究に取り組まれている安田雅俊博士や、システム研で特定研究員をされている木下智章博士にも全面的に協力していただけることになり、二〇一四年の夏から、佐賀県内でのヤマネの生態調査に取り組み始めた。

残念ながら調査地ではなかなかイスノキの虫こぶが形成されている場所が見つからず、ヤブツバキの菌えいも現在は長崎県側でもほとんど見られないそうで、いまだ虫こぶで眠るヤマネの確認には至っていないが、それでも、十五年ぶりに佐賀県内でヤマネの生息を確認することができ、現在は県内における詳細な分布域の調査と、活動の季節性に焦点をあてて研究に取り組んでいる（図9・2）（徳田ら、二〇一五a；吉岡ら、二〇一六）。

マツナ属の種子散布戦略と昆虫群集

佐自研二十周年講演会の中で、岩村先生が、シチメンソウの種子二型について話をされていた。シチメンソウを含むマツナ属 *Suaeda* の植物の多くは、軟実種子と硬実種子という二種類の種子を形成する。前者は親株から落下後間もなく発芽するのに対し、後者はしばらく発芽せず、親株から離れた場所に潮流で流されたあとに発芽すると考えられている。そして、シチメンソウでは通常、軟実種子の割合が圧倒的に多く、硬実種子はほとんど見られないが、佐賀県で過去最高気温と年間最少降水量を記録した一九九四年には、後者の割合が大きく増加した（陣野、二〇〇〇）というお話をうかがった。

前述のように、システム研では種子散布の研究をしていたため、マツナ属がどのような条件を感受して種子の割合を制御しているのか、そのメカニズムにひじょうに興味をもった。しかも、マツナ属植物は国内で四種が知られているが、そのすべてが佐賀県内に分布していることがわかった。つまり、佐賀県は、地の利からしても、マツナ属の種子散布戦略や昆虫群集を研究するには最適の場所であると考えた。

そして、佐藤先生のお話のようにいきなり有明海の中まで入って研究に取り組むのは難しいかもしれないが、まずは、沿岸部まで進出して、塩生植物の研究から始めてみようと考えた。

シチメンソウに興味をもった理由は、種子散布の他にもう一つある。それは、マツナ属の *Suaeda* という学名は、私にとってとてもなじみがあるもので、中東では、*Suaeda* 属植物を多数のタマバエが寄主としていることを知っていたからである。国内では佐賀県の有明海沿岸にしか分布していないということで、おそらく虫こぶの研究者は誰もシチメンソウに着目したことがないはずで、もしかするとタマバエが確認できるかもしれ

図9・3　有明海の泥干潟でのマツナ属の調査のようす．シチメンソウ上の昆虫を捕虫網で捕獲している学生．

ない、と考えたのだ。

つまり、ヤマネの研究と同じく、シチメンソウの研究を始めるきっかけも「ゴール（＝虫こぶ、gall）からのスタート」といえる。

二〇一四年の十月から、*Suaeda* 属のタマバエについて研究経験があるエジプトからの国費留学生がシステム研にやってきた。さらに、二〇一五年四月、佐賀県出身の学生が他大学から修士課程に進学してきた。これだけの人の和がそろったときこそがまさに天の時、と思い、さっそく、二〇一五年度から、その修士課程の学生を中心にして、マツナ属の研究に着手した（図９・３）。岩村先生にお願いすると、快く佐賀県内のマツナ属の生息地を一通り案内してくださった。これまでのところ、タマバエの虫こぶは確認されていないが、国内未記録の属の昆虫など、マツナ属を寄主とする昆虫相が徐々に明らかになりつつある。この研究の成果も、近い将来論文として発表したいと考えている。

『湿地帯中毒』の中島さん

二〇一四年の十二月、私が着任してから四回目の分野分属で、五名の学生がシステム研に配属された。その中の一人が、「魚が好きで、できれば魚の研究がしたいです。将来は水族館などに就職したいです」という希望を述べた。

そこで、ひとまず前述の中原さんをはじめとする佐自研で魚を扱っている方々に相談させていただき、予備的なテーマとして、有明海流入河川にのみ生息する希少種で、佐賀平野のクリークを代表する魚でもあるアリアケスジシマドジョウ *Cobitis kaibarai* の生態を調査してみようということになった。

私自身は、淡水域での調査は、水生昆虫を扱った経験しかなく、どこまで的確な助言ができるかさっぱり自信がなかったのだが、何もせずに撤退するよりは、その学生の夢をかなえる可能性が少しでも高まるように、ぜひとも魚で何か卒業研究に取り組んでもらいたいという気持ちが強かった。

試行錯誤をしながら、何とか少しずつデータがとれ始めた頃、東海大学出版部から、フィールドの生物学シリーズの最新刊を送っていただいた。その中の一冊は、中島 淳さんによる『湿地帯中毒』(中島、二〇一五)であった。

私は面識がなかったのだが、中島さんといえば、まさに今年から研究に取り組み始めたアリアケスジシマドジョウを新種として発表された方である (Nakajima, 2012)。

届いた本をさっそく読んでみると、なんと、中島さんは私とほぼ同時期に九州大学農学部にいらっしゃり、私の知り合いの知り合いであったことや、あの緒方 健さんとも親交があったことを知った。

図9・4　『湿地帯中毒』(中島, 2015)にサインをしてくださっている中島 淳さん.

これなら、私たちが取り組み始めたドジョウ研究に協力してもらえるのでは、と思い、すぐに中島さんにメールを送ったところ、快く協力してくださることになった（図９・４）。この研究もどこまで進められるかまだ定かではないが、少しずつ軌道に乗ってきており、近い将来、論文として発表できればと考えている。

人を育てる

ここからはしばらく、私が大学教育や研究室運営で現在心がけていることを述べたい。

なお、年数だけの問題ではないかもしれないが、私は大学教員になってまだ七年目であり、ベテランの教員に比べるとどうしても経験が不足している点は否めない。したがって、私の考えには至らない点を感じられる場合も当然あるだろうし、私自身も、将来振りかえったときにはこの考えが変化しているかもしれないと思う。むしろ、これから経験を重ねていくなかで変わっていくべきだろうとも思う。

それでも、いま私が何を考え、どう行動しているかを書き記しておくことはけっして無駄ではないと思うので、あえて書かせてもらう。

まず、教育のやり方に絶対的な正解というものは存在せず、時代の変化に合わせて絶えず試行錯誤しながら、向上心をもち続けて改革し続けることが必要であろうが、いつの時代であろうと教育の本質というものは明確であり、その究極目的は「人を育てる」、という言葉に尽きるだろう。ただし、何をもって「人が育った」とみなすかは、一概にはいえないだろう。けっして、研究業績や生涯年収などの数字で測れるものではない。

私の定義では、その教育を受けた人が、一生を終えるときに、幸せだったな、良い人生だったな、と思ってくれたなら、それは、教育をしたかいがあった、ということではないかと考えている。ここで注意すべきことは、必ずしも「あの先生の研究室を選んで良かったな」と思ってもらう必要はない点である。

無論、誰からも嫌われる研究室はまず論外であり、「生涯が幸せだった」と思えるということは、多くの学生にとっては、選んだ研究室も良かったと思うのだろうが、両者は完全には一致しないだろう。

きょくたんな話、私は学生が生涯を幸せに終えることができるのであれば、その学生に一生嫌われて、一生口をきいてもらえなくなっても構わないし、その学生に一生罵られていてもよいと思っている。言い方を変えれば、教育の効果さえ上がっていれば、究極的には教育されたということじたいを本人に理解してもらわなくともよい、と考えている。もっとも、将来教育者になるべき人材には、教育の本質を理解してもらう必要があるので、私はそうなる可能性がある学生には、なるべくていねいに、私が何をどう考えてそういう行動をとっているのかを説明するようにしている。

六つの「ション」

佐賀大学名誉教授で、線虫学研究室の前教授である近藤栄三先生は、藤條先生亡きあと、ここぞというときに的確なご助言をいただける貴重な人物である。

近藤先生からは、藤條先生に比肩するほど多くのことを教えていただいているが、その中の一つに、三つの「ション」がある。事を成すには、「ミッション」「パッション」「アクション」という三つの「ション」が必要と言われているそうだ。私なりの解釈では、なすべきことに対して使命感をもち、情熱を注ぎ、実際に行動を起こすことが大切、ということである。

研究室運営に際して、私はこの近藤先生から教えていただいた言葉を忘れないようにしている。とくに「アクション」の部分は重要だと感じている。これこれが大切だから、ぜひこうしなさい！　と熱く語ったところで、言うだけでは人はついてこないと思う。自分が積極的に実践しなければ、自分が進んで苦労しなければ、その物事の重要性は人には伝わらないように思う。

そして、三つの「ション」とならんで私が研究室運営で常に意識しているのは、「コミュニケーション」と「インタラクション」、そして「モチベーション」である。

まず「コミュニケーション」は、大学内では教員と学生、学生どうし、教員どうしのコミュニケーション、さらに、大学外の異分野や異業種の方とのコミュニケーションは、人間の幅を広げるうえでも、柔軟な思考力をもつうえでも重要だと思っている。九州昆虫セミナーや、毎年一月頃に開催している研究室の同窓会などは、自身の研究活動にとって必ずしも直接プラスの影響があるわけではないが、それを実践し続けることにより、常に交流しよう、情報共有しようという雰囲気ができ、無形の力として人間力の向上につながると思っている。

次に「インタラクション」は、コミュニケーションと似ているが、日本語でいえば相互作用であり、文字どおり、相互に作用しなければならない。これを実践するのはひじょうに困難だが、その分意義がある。たとえば、AさんとB君は、別のテーマで研究しているとする。Aさんが忙しい時期にはB君が協力し、B君が忙しいときにはAさんが協力すれば、研究が効率的に進むうえ、両者にとって、自身のテーマとは違う研究を経験することができ、二人の幅が広がる。さらに、協力するだけでなく、実験手法や結果の解釈についてお互いが感じたことを議論して、何かの改善に繋がれば、一人では見出せなかったものが新たにうまれてきて、さらに研究が発展する。

こうした良い意味での積極性は、研究はもちろん、日常生活においてもプラスに働くことが多い気がしている。「我、他者に関せず」の方が楽かもしれないが、それでは人間として向上しないと思う。

この実践例として、野外調査などの際には、常に全員に声をかけ、その研究に直接関わっていないメンバーにも積極的に参加してもらえるようにしている。また、研究室のゼミでは、参加者全員が何か一つは発表者に対して質問することをノルマにして積極性を習慣づけるようにしている。理想的には、ノルマにせずとも全員が活発に議論をして、問題点に気づいたり、改善策を思いついたりして、私が何も発言する必要がなくなるくらいのゼミになってほしいなぁと思いながら、私は毎回のゼミに参加している。そして、私のその気持ちを少なくとも数名の大学院生は理解して、積極的に実践してくれているのが私にとっては救いとなっている。

最後の「モチベーション」は、いわば、研究室メンバーのやる気である。これがもっとも大切で、かつ、もっとも維持が難しい課題である。まず大前提として、どの分野でもそうだと思うが、教育により向上が望める学生は、その分野に対して興味があり、その分野の研究をやってみたいと真摯に考えている学生だけである。人間はそれぞれに趣向が異なっており、おのずから興味をいだけるものと、興味を感じられないものの対象がある程度決まっているように思う。したがって、私にかかれば誰でもモチベーションが高まるというようなことはけっしてあるはずがない。私の場合、教育の対象にできるのは、生物に対して興味があり、生物を対象とした研究をしてみたいと考えている学生だけである。

さまざまな研究テーマについていえることであるが、始める前は、学生はどれもおもしろく感じ、ある程度やる気が出せるのだが、いざ取り組んでみると、予想外の事態が生じて難航したり、想定外の結果が得られて苦悶したりということが頻繁にある。そんななかで、一人でやる気を継続的に保つことができる学生は少ない。それぞれの学生の個性を見極め、どのタイミングで、どんな雰囲気で、どんな内容の助言をすべきか、また、あえてしばらく見守るべきか、それともいっしょになって実験に取り組むべきか、など、ほとんど瞬時に判断して、対応する必要がある。

とくに教員一人の研究室では、教員どうしの変な対立が生じることがないため、研究室の雰囲気づくりという点では個人的にはやりやすく感じているのだが、いざ学生の調子が悪くなった際には「切れるカード」が少ないという欠点もある。したがって、「叱り役」「なだめ役」「盛り上げ役」など、一人で何役もこなさざるをえない場面がどうしてもある。良い意味で、バカにもならないといけないし、優等生にもならないといけない。このキャラの使い分けが、役者ではないので難しい。ただ、私は本当に、たとえば（ここでは叱らないとダメだ）という気持ちになっていて、「演じる」というよりも、「素の自分を出す」ようにして「役柄」をこなしている。

モチベーションを維持するために

研究室のメンバーのモチベーションを維持するためにどうすれば良いか、正直私も試行錯誤の連続であるのだが、もう少し私の考えを述べたい。また、読者の中でもし良いアドバイスがあれば、ぜひ積極的に取り入れたいと考えているので、まじめな話、ご教示いただけるとひじょうにありがたい。

私が常々考えていることの一つに、学生と教員との距離をどうとるか、という問題がある。教員一人の研究室では、近づきすぎると「なあなあ」になってしまうし、かといって、離れすぎるとコミュニケーションやインタラクションがしづらくなる。

さらに、学生によって適した距離感が違っていて、近くで接する方が安心して物事に取り組める学生もいれば、少し離れて見守っておく方が闊達に物事を進められる学生もいる。したがって、私はメンバー全員に対して「公平」であることは常に意識しているが、けっして「平等」に接することはしていない。良い意味での「えこひいき」的に、学生によって個別に対応の仕方を変える方が、それぞれの学生がより伸びると考えている。

複数人数の場合であっても、臨機応変な対応が必要な場合がある。たとえば、たまたま用件があって、学生の部屋に行ったとして、そこで学生たちが何か研究とは関係のない話題で盛り上がっていたとする。この場合、その話題に入るべきか、素知らぬ振りをするべきか、あるいは、騒いではいけないと諭してたしなめるべきか、など、いくつかの行動の選択肢が考えられる。

こういった場合、そのときの研究室の状況と、話題で盛り上がっているメンバー、具体的な話題を把握して、瞬時にどのキャラで行くかを決めて実行に移さなければならない。

そんな些細なことまで気を遣わなくとも、という意見もあるだろうが、案外、こうした小さなことの一つひとつの積み重ねが、研究室全体の、そして各メンバーのモチベーションを高め、維持するうえでは重要な気がしている。というのも、基本的に、教員が学生のモチベーションを高め、かつ、保つために直接できることは実際にはひじょうに限られており、しいて言うなら、何かの物事に取り組むきっかけを作ること、それを乗り越えられるように応援すること、そして、うまくいかずに転びそうになったときにそっと支えること、くらいであろうと思うが、日々の小さな出来事のなかで、こうしたきっかけ、応援、支えの機会がたくさん埋もれており、それに気づかずにやりすごすか、そこで何かをやるか、というわずかの違いが、一年を通してみるといつの間にか大きな差になっていくように感じているからである。

研究室は、家族でありチームである

私の居室は、学生がいる部屋のドア一つはさんだ隣である。いまの大学ではどの教員もそうだと思うが、私もなんだかんだで一年中、ほぼ毎日締切仕事に追われている。あるいは致命的なもの以外の締切には追い抜かれてしまい、日々過ぎた締切に少しでも追いつこうともがいている。

たとえば、その日までに終わらせないといけない締切仕事があり、それと格闘していたとする。そんな際、ドアをノックして、学生が質問に来たとする。そのとき、（今はちょっと時間がないんだけどな）と思うことも正直しばしばあるのだが、私はドアが開く際には、極力それは表情に出さず、ポーカーフェイスで、今日ものんびりしていますよ、という雰囲気を出すように心がけている。

そうでないと、せっかく勇気を振り絞って質問をしに来てくれたのに、先生は忙しそうで、あとにしてと言われた、となると、次から同じような状況になったときに、その学生は質問しに来なくなるおそれがある。

どんな些細なことでも、気づいたことや気になることを報告したり質問してくれたりという姿勢こそが大切であり、私は積極的に行動した学生はそれだけで褒めてやりたいという気持ちがある。そして、皆が私に相談しやすい雰囲気をつくることが研究室のモチベーションを保つうえでは本当に大切であると考えている。

私の認識では、研究室は家族であり、チームである。プライベートなことをまったく抜きにして研究室生活は成り立たないし、ときには実際の家族には話せないことでも友人どうしや教員といっしょになって解決できることもある。その意味で、研究室は一つの家族である。

そして、それぞれのメンバーが取り組んでいる研究テーマは違っていても、研究室としては一つのチームであり、誰かが調子が悪くなるとバックアップしたり、お互いに声をかけあって、励まし合って少しずつでも前に進んでいく必要がある。

私は野球が好きなので野球に例えるが、攻撃でいえば、「よし、オレまで打席が回ってきてくれ。絶対にオレが打ってやる」、守備でいえば、「オレが絶対に打ち取ってやる」とか、「オレのところにボールが飛んで来い。どんなゴロでも絶対取ってやる」というように、各メンバーの気持ちが入ってプレーしているときには、試合の流れは自分のチームに来やすいし、逆に、「打席が回ってきたらどうしよう」「打たれたらどうしよう」「ボールが飛んできたらどうしよう」と思っていては、勝てる試合も勝てなくなってしまう。

チームとしての研究室のモチベーションを維持するためには、エラーを恐れない気持ち、自信をつけるための日頃の些細な物事の積み重ね、そして、よし、オレがやってやろう、という気持ちが入る雰囲気をいかにして作るかが重要だろう。

闘う雰囲気をいかにうみ出して維持できるか、本当にそれが日々試行錯誤の連続で、まだまだ改善の余地もあるのだが、私自身としては、とにかく学生に負けたくないという正直な気持ちを見せつつ、また、学生に研究のおもしろさや、物事を達成することの苦しさ、そして達成できたときの充実感をぜひ感じてもらいたい、研究の醍醐味をぜひ味合わってもらいたい、という気持ちで、日々立ち向かっている。

良い意味で迷惑をかける

一般に、他人に迷惑をかける行為は慎むべきであるが、私は、人づき合いにおいて、良い意味で迷惑をかけることが大切だと思うことがしばしばある。

たとえば、誰かが私に厄介な用件をもち込んできたとする。厄介事は、本音でいえば断りたいのだが、やる気になればできないこともないというときには、とりあえず二つ返事で引き受けるようにしている。自分の教育研究活動に直接関係のないことであっても、何か物事に取り組むことは、自分自身の経験にもなるし、私を見込んで頼んでくださっている、必要とされていることに私は生きがいを感じている。そして、厄介事がもち込まれた場合には、もち込んだ人との距離を縮められる可能性がある。

厄介事をいやいやながらに引き受けてしまうと、それに膨大な時間をとられるうえに、頼んできた相手にも後味の悪い印象しか与えず、はっきりいって何も得るものがないと思う。できないことは、素直にできないといって断るべきだし、引き受けられそうなことは、同じ引き受けるなら、相手との距離を縮めるためにも常に快諾する方が良いだろう。

逆に、私もある人に協力してもらえればこの物事が進展するのでは、と思ったときには、仮に相手にとって厄介事かもしれないと思っても、それは気にせずにお願いしてみるように心がけている。仮に断られれば次の方を探せば良いのだし、もし引き受けていただければ、次にはその人が私に何かを頼んできてくれて、お互いの距離をどんどん縮められるかもしれない。

生物どうしの相利共生関係のようなもので、人間関係においても、お互いに迷惑をかけ合うところからスタートして、やがて両者が信頼関係で結ばれるようになり、「Win-Win」の関係に発展できる場合も多いと思う。

失意泰然・得意淡然

高校三年生のときの担任であった山田忠男先生が、卒業アルバムに「失意泰然・得意淡然」という言葉を書いてくださった。言葉の意味としては当時から理解していたつもりであったが、最近、研究室を運営するうえでこの言葉の重要性を身にしみて感じるようになっている。

ただ、これを実践することは本当に難しい。とりわけ、私の性格上、後半を実践することが本当に難しい。私は自分では調子に乗りやすい反面、調子に乗りすぎるところが悪いクセであると思っている。

人間というのは、調子を良くすることは大事だが、調子が良くなりすぎるときに、自分自身でそれに歯止めをかけるのはとても難しい。物事がうまくいっているときには、それを自分だけの力であると勘違いしてしまいがちだし、われを忘れて有頂天になってしまうし、その分、周りが見えなくなってしまい、的確な状況判断ができなくなってしまう。いつになったらこの言葉を実践できる人間になれるかわからないし、ひょっとすると一生できないのかもしれないが、いき着くところ、成功体験と失敗体験の場数を踏んで、世の中の理を少しずつ理解していくこと以外ないのかもしれない。いずれにしても、この言葉は肝に銘じて生きていくべきだと最近とくに強く感じている。

コラム　論文作成指導法

私は原則的に、学生が書いた英語の論文原稿を確認する際、ファイルを受け取って、添削して戻すというやり方はとらない。私の居室にはスクリーン代わりに使っているホワイトボードと液晶プロジェクターが常にスタンバイしてあり、学生が論文の原稿をもってくると、その場で原稿をスクリーンに写して、いっしょに一文ずつ見ながら、ああだこうだと添削していく。

プロジェクターは私のオリジナルであるが、マンツーマンスタイルは私の指導教員だった湯川先生から受け継いだものだ。今も昔もそうだと思うが、一般的に、大学の指導教員は、原稿を受け取ると、昔はそれに赤字で修正箇所を書き込んで、今ならワープロソフトの校閲機能をつかって変更履歴がわかるようにして返すだろう。

ただし、湯川先生は、それでは学生の論文作成能力は向上しないと考えておられた。けっきょくのところ、赤字のとおりに修正したり、変更履歴を承認したりすれば、原稿としては完成してしまい、なぜこの箇所がこう変更されたのか、なぜこの単語がこの単語に言い換えられたのか、なぜこの項目とこの項目が入れ替えられたのか、ふつうの学生は、いちいち深くは追求しないだろう。

それでは、その論文一本のことだけを考えれば問題ないかもしれないが、その人が次に論文を書く際に、また同じ過ちをする可能性がある。つまり進歩が望めない。だから、とくに初期の段階は、論文の書き方を教える意味でも、マンツーマンで、一字一句をいっしょに見ながら添削しないと意味がない、という主旨のことを湯川先生はおっしゃっていた。

私も初期の頃は、教授室のパソコンで私が持参したファイルを先生が開かれ、私は先生の横に座り、あれこれと質問されたり返答したりしながら、二時間くらいかかって、ようやくイントロダクションの最初の二文くらいが進む、という、とんでもなく遅いペースで論文の添削をしていただいた。先生に申し訳ないのと、いつになったら最後まで見ていただけるのか先が見えないのとで、いったいどうなることやら、と不安に思ったこともあったが、先生のご指摘はもちろん的確で、自分のあまりの論文作成能力のなさを痛感させられたので、毎回、添削の時間になると先生から教えていただけることを一言も聞き漏らさないようにしようと常にメモを取るようにした。そして、次に添削していただける時間までの間に、蓄積されていくメモを一通り見直し、その原稿の先の部分で、同じ指摘をされるおそれがないか、必ずチェックしてから添削の時間に臨むことにした。

そのおかげもあり、論文を見ていただけるペースは徐々に早くなっていった。しかし、先生は学生からの人気もあったので、年を追うごとに先生が指導される後輩の数がどんどん増えていき、そのなかでも先生はすべての学生に対してマンツーマンスタイルを貫かれるので、私の順番が回ってくる頻度が低下するという問題が生じ始めた。


コラム「論文添削時間をいかに確保するか」に続く

コラム　論文添削時間をいかに確保するか

私はこの問題を解決するため、いくつかの方法を考えだした。

一つは、出張などの移動時間を狙う作戦である。湯川先生と学会大会などに参加する際、同じ便の隣の席に座って移動すれば、自然と会話をする機会に恵まれ、いま執筆中の論文の話になることがある。当時は、今のように軽量なノートパソコンをどこにでももっていけるような時代ではなかったので、そういう場面が予想されるときには、事前に執筆中の論文の原稿を打ち出して持参しておき、機内で湯川先生にマンツーマンで添削していただいた。

もう一つは、後輩の添削時間が早く終わるようにして、私の順番がその分早く回ってくるようにする作戦である。後輩も、きっと私が初期におかしたのと同じような間違いをして、それを指摘されているため、添削に時間がかかっているのではないか。それなら、私が順番待ちをしている間に、次に湯川先生のところにもっていく後輩の原稿を確認して、あらかじめ指摘されそうな場所を直しておけば、添削時間が短縮されて、私の順番が早く回ってくるのではないか、と考えたのだ。

そして、さっそくそれを実践することにして、論文を見てもらう予定の後輩を見つけると、おせっかいにもその原稿をうばって内容を確認し、私がされたのと同じ指摘をなるべくされないように配慮した。また、その学生が教授室から戻ってくると、どんな指摘をされて、どこをどう添削されたかを教えてもらい、次にもっていく私の原稿ではその部分を指摘されないようにしようと心がけた。

そうこうするうちに、いつの間にか、学生たちの間ではこの論文添削の流れが定番になってきて、自然と後輩たちは、湯川先生のところにもっていく前に、私のところに原稿を見せにくるようになった。きっと本人たちも、その方がスムーズに添削が進むことをわかってくれたのだ。（九大を離れたあとである学生から教えてもらったように思うが、後輩たちはこの行程を「徳田チェック」と呼んでいたらしい）。

何かの拍子に、後輩が私のチェックしていないファイルを湯川先生のところにもっていったところ、それが一瞬でバレてしまい、「君、先に徳田君に見てもらってからもってきなさい。」と言われた、といって、教授室から学生室にトンボ返りで戻ってきたことがあった。「徳田チェック」はいつの間にか公認されたのだ。

私にとっては、自分の論文を早く見てもらいたい、という自己中心的な考えから始めたことであったが、そのおかげで私は多様な材料で多岐にわたる研究テーマに取り組んでいる後輩たちの原稿からも論文の書き方を学ぶことができ、結果的には、この一連の流れが、私の論文作成能力の向上に本当に役立った。

教育の意義

私は、自信をもっていえるが、周りの人に恵まれたために一人前になれた人間であり、その意味では、運が良かった人間である。本当に才能がある人は、どんな環境でも一流に育つことができるだろうが、私の場合、私が曲がりなりにも大学教員として現在務められているのは、これまでに巡り合った方々の影響が大きく、とくに湯川先生をはじめとして、私を直接・間接的に指導してくださった方々の教育の賜物である。

だから私には、教育することには必ず意義があるという確信があるし、教育のおかげで伸びていく人間が絶対にいるという信念をもっている。逆に、適切な教育を受けることができず、環境が違えば伸びたかもしれないのに、その能力が発揮できぬままに大学を離れていく人間を見ると、本当に忍びなく、心が張り裂けそうな気分になる。

私一人の力は小さく、何をどこまでできるか定かではないが、私が直接的・間接的に関わることができる学生に対しては、常に最善を尽くして向き合いたいと考えている。

教育の理念と実践方法の明文化

二〇一六年八月に、佐賀大学と福岡工業大学主催のティーチング・ポートフォリオ（＝教育業績記録）作成ワークショップに参加した。二泊三日の泊まり込みで、メンター（助言者）の方とマンツーマンで、ひたすらに自分の教育の責任と理念、実践方法、改善の記録や今後の目標などをA４用紙十頁ほどにまとめる作業に従事した。

この取り組みは、私にとってとても有意義であった。それまでは感覚的に、よくいえば臨機応変に、わるくいえば場当たり的に、あれこれとアイデアを出しながら研究室を運営していたが、自分がどんな人材を育てたいかという理念を明文化し、学生の年次進行に伴い達成して欲しい目標を立て、その目標を達成するために具体的にどういうことを実践しているかを他者にわかるかたちで論理的に一つの書類としてまとめることにより、私の頭の中でも私自身が考える教育に関して情報の整理ができた。この内容は今後も随時更新しつつ、大学のホームページ等で公開していくつもりである。

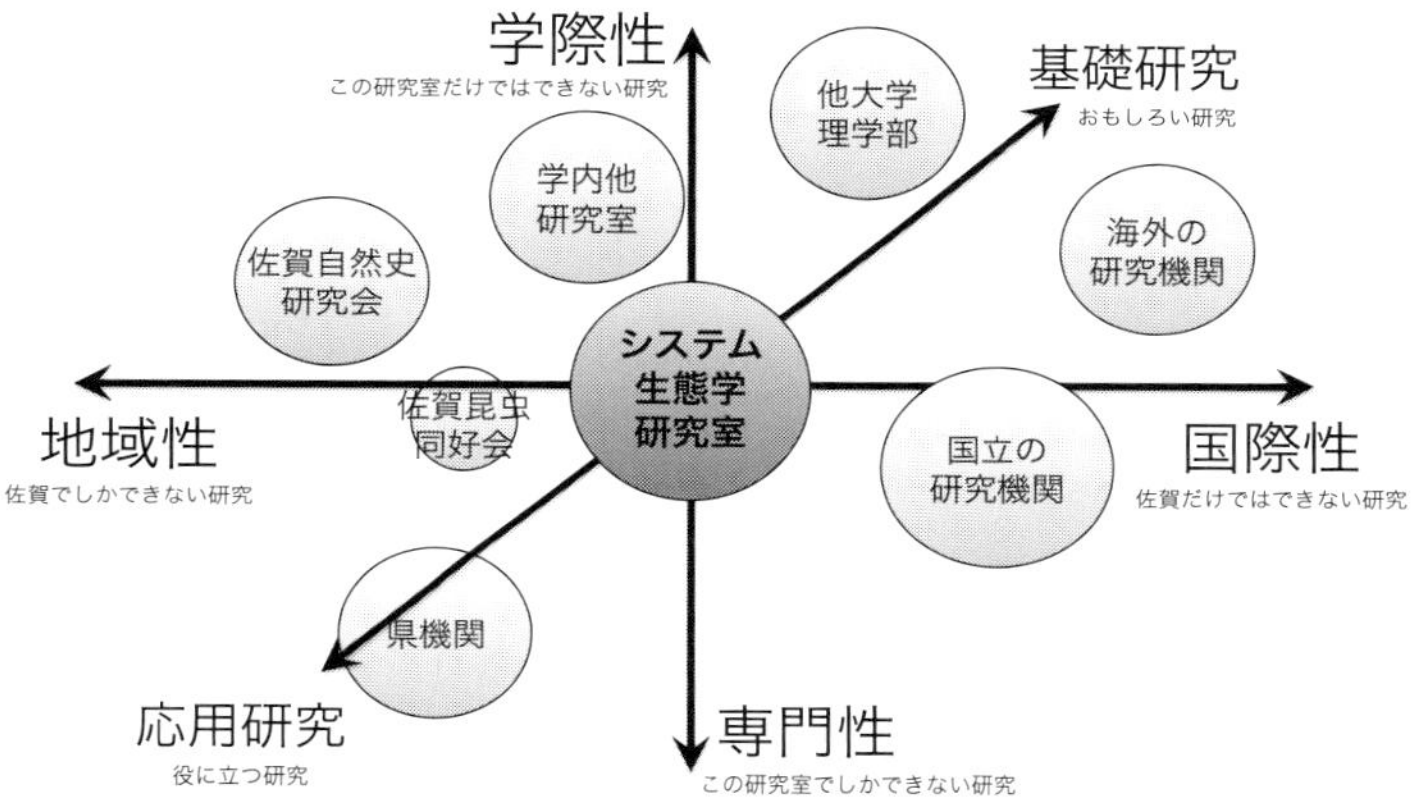

図9・5　筆者の頭の中にある地方大学の研究室としての"3次元のバランス".

三つの次元のバランス

ここからは研究の話に戻ろう。

ある機会があって、私がシステム研で研究を進めるうえで、頭の中で漠然と考えていたことを模式図として表してみた（図9・5）。一つ目の次元は、その研究が基礎的か応用的かという軸である。これは必ずしも一つの軸にしてしまうのは適切でない部分もあるが、わかりやすくするためにあえてそうさせてもらう。平たい言葉でいえば、基礎的な研究は「おもしろい研究」と言い換えてもよいし、応用的な研究は「役に立つ研究」と言い換えても良いかもしれない。

この項目を一つの軸で表すのは不適切、という理由は、たとえば「すごくおもしろいうえに、すごく役に立つ研究」というのも存在するし、それはこの一本の軸のうえでは両極端な場所に配置せざるを得ず、一つの点では表すことができないからだ。ただ、多くの研究というのは、通常、何らかの一つの入口と一つの出口が存在している。その研究を始めるきっかけと、最終的に明らかにしたいことである。

そして、興味深い現象の究極要因や至近要因を明らかにしたいというのが一義的な動機であり、かつ、それを明らかにすることが目的であれば、それは基礎的な方向性をもった研究と分類できるであろうし、要因を明らかにすることが一義的な目的ではなく、研究成果を何らかの役に立てたいというのが一義的な動機であり目的であるなら、それは応用的な研究に分類されるだろう。

これは私が所属している佐賀大学特有の事情もあるし、私自身の経歴の関係もあるのだが、私自身はこの軸に関して、良くも悪くもどっちつかずであるし、佐賀大学には、生物学の基礎的な部分を担うべき理学部生物学科にあたる組織が存在しておらず、本来は応用的な研究に軸足をおくべき農学部がその役割も兼ねているのが実情である。その意味でも、少なくとも私は、私が関わっている分野に関しては、基礎的研究も応用的研究も、どちらも推進していきたいと考えている。

二つ目の次元は、その研究が専門的か、学際的かという点である。ここでいう「専門的」というのは、究極的には私たちの研究室でしかできない、あるいは、私たちの研究室が世界で一番熱心に取り組んでいる、といえる研究のことであり、「学際的」は、私たちの研究室だけでは遂行できない研究、つまり、他の研究室と共同で進めなければできない研究である。このバランスもひじょうに重要であり、専門性だけを追求していると「井の中の蛙《かわず》」、「タコツボ」研究室になってしまうし、かといって学際性だけを追い求めていては自分たちの研究室の本分、背骨というべき誇れる特徴がなくなってしまう。

三つ目の次元は、「地域性」と「国際性」である。私の中での両者の定義は、前者は佐賀でしかできない研究、後者は佐賀だけではできない研究、のことである。この軸も、二つ目の軸と同様に、どちらかだけに偏って研究するというのは、むしろ不自然であり、両方のバランスをうまくとって進めるのが健全な研究の進め方、王道であろうと考えている。

したがって、個々の学生の研究テーマはこの三次元の中のどこかに配置されるだろうが、研究室全体としては、なるべくこの軸の原点を中心として、バランスのとれたかたちで発展させていきたいと考えている。

最後の砦を守りたい

これまでに紹介したように、植物や昆虫だけでなく、哺乳類の生態について研究したいとか、魚の生態を研究したいとか、当然ながらさまざまな希望をもった学生が大学に進学してくる。

これが、大規模な総合大学であれば、哺乳類ならこの学科のこの研究室、魚ならあの学科のあの研究室、というように、どこかに専門の教員がいる場合が多いだろう。しかし、佐賀大学の場合に、幸か不幸かそういう状況ではない。前述のように、そもそも野生生物を対象に研究している教員が数名しかいない。

少なくとも、現有教員の中で、強いていえば私がその専門分野に一番近く、私が投げ出してしまうと、たぶん誰も対応できないな、と思うときには、なるべく積極的に引き受けることにしている。

また、たとえば、佐賀県民にとって、仮にどうしてもこれを明らかにしなければ困るという科学的事象があったとして、どこに頼んでも解明できないとき、最後に頼りたくなるのは、県内唯一の総合大学である佐賀大学かもしれないが、残念ながら、ウチではその事象を扱っている研究者はいません、という場合も考えられる。

一般市民の方々に対しても、対応できる可能性のある内容であれば、どこまでできるかはわかりませんが、とあらかじめ承知していただいたうえで、できうるかぎりの協力はするように心がけている。

私があきらめたら誰もいない、というのでは悲しすぎるので、最後の砦だけは守りたい、という思いで日々の研究に取り組んでいる。また、このことは自身の研究の幅を広げるという意味でも、おろそかにすべきでないと考えている。

コラム　有田焼窯元からの電話

ある日のこと、たしか大学の広報室を通して、有田焼の窯元であるという女性から、私の居室に電話がかかってきた。（いったい、私と何の関係があるのだろう、どこからともなくしばしばかかってくるマンション購入の勧誘と同様に、高価な焼き物でも買えという勧誘だろうか…）と半ば疑いながら話を聞いた。

女性「最近、有田焼の風鈴をつくりました」

徳　「はあ、そうですか」

女性「それで、その風鈴のさがり（風受け）の部分に、佐賀県の県木のクスノキ *Cinnamomum camphora*（クスノキ科）の薄板をあしらいました」

徳　「はあ、そうですか」

女性「そのさがりに、クスノキのエッセンシャルオイルをしみこませると、カ（蚊）よけの効果がないでしょうか」

なるほど、昆虫（カ）と関係しているため、私の所に連絡がきたのか。と合点がいった。

徳　「効果があるかないかは、実験をしてみないと何とも言えませんね」

女性「そうですか。その実験をしていただくことは可能でしょうか」

徳「技術的には可能ですが、実験用の道具を揃えたり学生をアルバイトで雇用したりすると、だいたい〇〇万円くらいはかかるでしょうね」

女性「そうですか。やはりかなりお金がかかるんですね。じつは私のところは夫婦二人だけでやっている小さな窯元で、そこまでのお金を出す余裕はありません。でも、ぜひこの商品を有田焼四百年祭がある二〇一六年を見据えて売り出したいと考えているのです」

お金がない、と言われると、まあ仕方がないのだが、はたして、クスノキのエッセンシャルオイルが本当に蚊よけになるのか、個人的にも少し興味があったし、わざわざお金を出していただいて調べてみて、まったく効果がなかったというとかわいそうな気もしたので、

徳「では、うまくいくかどうかはわかりませんが、試しにやるだけやってみましょうかね」

と、何となくの興味が赴くままに、とりあえず、風鈴の下がりとエッセンシャルオイルを送ってください、とだけ伝え、安請け合い、ならぬ、「タダ請け合い」をしてしまった。

プロの料理人なら、タダで料理を作ってくれ、と言われたら、きっと自腹で食材を買うことはせず、意地でも一円も使わずに料理をつくるだろう。それと同様に、タダで引き受けた研究なので、一円も使わずに実験をしてみようと考えた。

カの捕獲装置は大学生協のゴミ捨て場に大量に廃棄されているペットボトルを使おうか、カを二酸化炭素で誘引するために使用するドライアイスは、冷凍保存する試薬を納入する業者の人たちにお願いして、その日の納品がすべて終わったあとで、不要になった余ったドライアイスを分けてもらおうか、学生には事実をありのまま伝え、興味があってやってみたいという者がいればボランティアで協力してもらおうか、作業をする時間は平日の夜と休日のみとし、勤務時間中には一切作業をしないことにしようか、とだいたいの構想をまとめた。

その矢先、たしか、窯元の方から電話をいただいた翌々日に、大学の産学連携機構から、一通のメールが教員宛に

配信されてきた。産学連携機構の予算で、地元企業からの要望に学生が応えるための研究を支援する。ただし、取り組む課題は、学生の卒業研究や修了研究と異なるものにかぎる、という内容であった。

（これは、まさにぴったりの内容ではないか）と思い、さっそく、窯元の女性に電話をかけて、大学でこのような予算が募集されていることと、これに応募して予算をもらうことができれば、クスノキのエッセンシャルオイルに蚊よけ効果があるかどうか調べることが可能である、ということを伝えると、先方も感激されて、ぜひよろしくお願いします、ということになり、話がトントン拍子に進んだ。

結果的に、当時修士課程の大学院生だった二名の学生がすすんで協力を申し出てくれたため（図）、彼らを中心に二年間にわたりこの研究に取り組み、クスノキのエッセンシャルオイルにカよけ効果があることを実証して論文として取りまとめた（塩見ら、二〇一五）。

一本の怪しげな電話から始まった産学連携研究であったが、私としては、小さいながらも、「最後の砦」の一つを守ることができたかな、と考えている。

図　クスノキのエッセンシャルオイルの蚊よけ効果に関する研究成果を発表する学生たち（中央の２名）.

ウイルスから哺乳類まで、特定外来生物から天然記念物まで

私が着任してからおよそ五年が経った二〇一六年八月の時点で、システム生態学研究室のメンバーは、着任当初の約二倍の二十名ほどになった。そして、研究対象も昆虫や植物が中心であることにかわりはないが、アブラムシが媒介するウイルス（Ohshima *et al.*, 2016）やヒメトビウンカ *Laodelphax striatella* の体内に生息する微生物から、今回紹介した哺乳類や魚類まで、大きく広がりを見せている。また、天然記念物のヤマネ（徳田ら、二〇一五）をはじめ、県や国のレッドデータに掲載されているシチメンソウなどの希少生物から、農業害虫、そして、特定外来生物のオオフサモ *Myriophyllum aquaticum*（徳田、二〇一五）に至るまで、多岐にわたっている。

私たちの研究室の究極目標は、「生態系を一つのシステムとしてとらえ、生物における多様性の創出・維持機構を明らかにすること」である。そのため、とにかく、メンバーが興味をもって、高いモチベーションで取り組める研究材料を対象として、さまざまな生物の生活史や生態、生物間の相互関係を明らかにし、生物に見られる特徴がどのように進化してきたのか、それらの特徴にはどのような適応的意義があるのか、多様な形質が生じるメカニズムは、といった課題に日々取り組んでいる。

そして、最近とくに力を入れているのは、佐賀ならではの生きものの自然史に関する研究である。佐賀自然史研究会で、虫こぶ観察会の講師をした際、その実施報告を会報に載せて欲しいと依頼された。快く引き受けて、念のため、佐賀県で過去に記録がないものがもしあれば、初記録として報告しようと過去の文献を調べてみた。

すると、その日の観察会で見つかった二十四種類の虫こぶのうち、二十種類は過去に佐賀県から誰も記録していない虫こぶであった（徳田ら、二〇一五b）。まさかここまでとは思わなかったのだが、考えてみれば、過去に佐賀県では、一部の害虫種を除いて虫こぶ形成昆虫の研究に携わった方はいらっしゃらなかったわけで、その意味では、虫こぶ形成昆虫相が明らかになっていないのは当然かな、と思い直した。そして、野外で生きものの生態を調査している教員がひじょうに少ないという現状は、佐賀における自然史研究じたいが進んでいないということと表裏一体なのではないかと考えている。

その意味でも、私たちの研究室で佐賀ならではの生きものの生態を調べなくて、誰が調べるんだ、という気持ちで、さまざまな種を対象とした研究に取り組んでいる（徳田ら、二〇一六）。

因果は廻る

二〇一五年三月に鹿児島大学で開催された日本生態学会大会で、高校生のポスター発表の中に、浜田高校自然科学部の発表を見つけた。日本最小のトンボであるハッチョウトンボ *Nannophya pygmaea* の調査をしているという。その場で顧問の平野謙二先生とお話ししたところ、何年卒ですか、という話になり、それじゃあ、石村先生と同じ学年かな、という話になった。

「石村先生ですか？　ひょっとして、石村武史君ですか？」

「ええ。そうです」

「石村君は今、浜高にいるんですか？……」

平野先生がその場で電話をしてくださり、高校時代、三年間理数科の同じクラスで、かつ、私が生物部の部長だった頃に物理部の部長をしていた石村武史君と、高校卒業以来、約二十年ぶりに話をすることができた。

そんな縁もあり、その年の十月には「HIRAKU」という浜田高校の総合的な学習の時間に、職業紹介の講師の一人として呼んでいただき、その機会に自然科学部の部員たちと交流をもつこともできた。

私自身、どこまで的確なアドバイスができるかわからないが、現在も平野先生に協力するかたちで、自然科学部の高校生たちの活動をできるだけサポートしていきたいと考えている。

直接扱っている材料は違えども、私も高校生の頃には水生昆虫の調査をしていたので、いまハッチョウトンボの生態を明らかにしようとしている高校生たちを見ていると、まさに因果は廻る、というか、なんだか不思議な縁を感じている。

なお、平野先生のご配慮により、私が高校生のときの生物部の顧問であった高橋尚彦先生から暖かいメッセージを賜った。高橋先生は現在、隠岐高校の教頭をされているとのことである。

中学生への授業

佐賀大学には教育学部附属中学校がある。そして、毎年秋には、「大学の授業を受けてみよう」という企画があり、佐賀大学の教員の有志がボランティアで附属中の生徒に授業をしている。私も日程の都合がつくときにはこの企画に参加して中学生に授業をすることにしている。

この本の冒頭でも書いたように、私が育った場所は、映画になるくらいの田舎であり、私が中学生の頃は、文系と理系の違いも知らなかったし、大学がどんなところかもよくわからなかった。

私が初めて「大学の先生」にお目にかかったのは小学校高学年の夏休みで、地元で開催された昆虫展を見に行ったときだった。当時島根大学に勤められていた三浦 正先生が偶然その会場にいらっしゃった。先生は小さなハチの標本が並べられた標本箱を覗いている私に声をかけてくださり、このハチは、新しく見つかった種であること、そして、新種として報告するためには、この小さなハチを顕微鏡で隅々まで観察して、体に生えている毛の数を一本一本数えないといけないんだよ、というようなことを教えてくださった。

また、初めて「大学の先生」の講演をうかがったのは、中学二年生のときであった。私が夏休みの自由研究で取り組んだ「藻類に対する生長阻害効果の研究」が、たまたま県の科学作品展で賞をいただき、その表彰式に参加したときのことだった。表彰式のあとで、たしか作品展の審査に携わられていた島根大学の秋山 優先生が講演をされたのだった。

ちなみに、そのときに賞をいただいた研究の内容は、中学校の理科室で魚が飼われていた三つの水槽のうち、オオカナダモ *Egeria densa*（トチカガミ科）が入っている一つの水槽だけクロレラ *Chlorella* spp.（クロレラ科）などの藻類がなかなか繁殖せず、水が緑色にならないことに着目し、オオカナダモにクロレラの繁殖を抑える能力があるのではないかという仮説を立ててさまざまな実験をしたというものだった（徳田、一九九〇）。

中学で理科の担当をされていた金本 晶先生と二人三脚で、緑の色素を混ぜた水を標準液として準備し、オオカナダモなどさまざまなものを水とともに三角フラスコに入れ、一定量の藻類を入れてしばらく維持した場合に藻類の密度がどのように変化するかを、比色計を用いて緑色の濃さで評価したという研究であった。

そして、未来に種を播く

授賞式の際の秋山先生のご講演は、出雲風土記の中で、宍道湖にミル（ミル科の *Codium fragile*）という海藻がある、と書かれているが、現在の宍道湖は塩分濃度が低く、ミルは生育できない、はたして、出雲風土記にはウソが書かれているのか、それとも、当時は今よりも塩分濃度が高く、ミルが本当に生育していたのか、というような話題であった。なお、秋山先生のお話は、数年前までまったく思い出せなかったのだが、前述の附属中学校の生徒へのボランティア授業の際、自分が中学生の頃の話をしていて、秋山先生の話題に触れた瞬間、突如として脳の中の記憶の封印が解け、堰を切ったようにそのときの記憶が頭に溢れだしてきた。そして、当初は生徒にその講演の内容まで話す予定はなかったのだが、よみがえった記憶のおかげで、その場のアドリブで説明を加えることができた。

秋山先生は宍道湖の底土が堆積していく速度を調べられ、たしかボーリング調査のような方法で、出雲風土記が書かれた年代の土を取り出して、そこに含まれているプランクトンの組成から出雲風土記が書かれた時代の塩分濃度を推定したところ、現在の塩分濃度よりも高く、実際にミルが生育できる環境だった、つまり、出雲風土記に書かれている内容はウソではなかった、というようなお話だったはずである。

とにかく、秋山先生のお話はひじょうに専門的で、難しかったという印象があるが、それでも私は、先生が話されている内容を必死で理解しようとしていた。

講演の終わりの方で、秋山先生はたしか、次のようなことをおっしゃった。難しかったでしょ、他の人からも言われるんですよ、先生、その話は中学生には難しすぎますよって、でも、私はあえて、大学生に話すのと同じように皆さんにも話しているんです、私はここにいる全員に理解してもらおうと思って話をしていません、でも、簡単にして、省略して、ウソを話したくはないんです、私は、ここにいる皆さんの中の誰か一人にでも、私のする話が理解してもらえればいいと思って話しています、もっといえば、大学では、こういう難しそうなことを一生懸命やっているんだな、というだけでも皆さんにわかってもらえればそれでいいんです、と。

私がここで言いたいことは、秋山先生のお話の中身ではなく、一人の少年にとっては、三浦先生との出会いも、秋山先生との出会いも、はっきりとその出来事の断片が残り続けるほど鮮烈であり、刺激的であったということだ。一人の少年の記憶の中に突き刺さった大学教員の言葉は、その少年の中で生涯にわたり生き続けて、その人の人生の糧になるということだ。

じつは、この本の執筆に際して、秋山先生の下のお名前が思い出せず、インターネットで調べてみたのだが、その際、秋山先生がすでにお亡くなりになられていることを知った。

私は中学生を対象とした授業で教壇に立つ際、私を見つめる彼らの瞳の奥に、秋山先生のお話を初めてうかがった頃の自分の姿を見出しているのかもしれない。

いつかどこかで、見ず知らずの若者から話しかけられて、「中学生の頃、先生の話を聞きました。今でもあの話を覚えています」と言ってもらえたら、どれだけ幸せなことだろう。

いや、生涯巡り合わなくともよい。私の知らないところで、彼らの中の一人の心にでも、私の魂の言葉が突き刺さっていてくれさえすればそれでいい。

そんなことを思いながら、私は今日も、未来に種を播いている。

シタマバエによ　ブノキ
れたゴー　本）

おわりに

冒頭で、一人の人間は、まさに大海を漂流する一つの小さな舟に乗っているようなものであろうと書いた。そして、その舟が行き着いた先は、私の場合、佐賀大学農学部・システム生態学分野であった。まさかここにいるとは、数年前までまったく想像だにしていなかった場所である。

この本を読んでいただければわかるように、これまでに多くの方との出会いと別れがあり、ここにいたるまでの過程で、本当にたくさんの方々にお世話になった。すべてのお名前をここで挙げることはできないが、私に生物学の楽しさを教えてくださった金本　晶先生、高橋尚彦先生、研究者の道へと導いてくださった湯川淳一先生、ポスドク時代にお世話になった菅野紘男博士、深津武馬博士、田中誠二博士、神谷勇治先生、淵田吉男先生をはじめ、私の人生に影響を与えてくださったすべての皆さまに深く感謝申し上げる。

また、草稿を読んでコメントを下さった山尾　僚君、安達修平君、小西令子さん、中林ゆいさん、松田浩輝君、写真や資料を提供してくださった董　景生さん、上地奈美さん、宇津木　望君、大島一正君、井手竜也君、神代　瞬君、藤井智久君、白濱祥平君、明石夏澄さんに感謝する。

東海大学出版部の田志口克己さんには、この企画のお話をいただいた二〇〇八年頃から、本当に辛抱強く原稿の完成を待ってくださった。その驚嘆すべき忍耐力に心から敬意を表するとともに、厚くお礼を申し上げたい。なお、田志口さんも私も野球好きで、生粋の広島東洋カープファンである。最後の最後までわがままを言ってしまい、カバーの色は、私の血と魂の色でもある「カープレッド」を希望した。そして、カープが二十五年ぶりの悲願を達成したこの年に、満を持してこの本を世に送り出すことができたということで良しとして、どうか、これまで長々とお待たせしてしまった失礼はご容赦いただきたい。

この本では、「先生」「さん」「君」などの呼称や、外国人をファーストネームで呼ぶか名字で呼ぶかなど、人物の表し方に統一性を欠いているが、これは私がふだん、それぞれの方を単にそう呼んでいるだけであり、深い意味はない。また、正確を期するため、野菜などの一般名称以外の生物名に学名を併記した。一般の読者には読みづらいかもしれないが、どうかご容赦いただきたい。

この本の中では、私の記憶や当時の日記に頼って記述した部分が随所にある。もしこの本の内容に誤りがあった場合には、その責任はすべて私にある。何かお気づきの点があった場合には、ご教示いただけるとたいへんありがたい。

ここで紹介した研究の一部は、日本学術振興会特別研究員奨励費、科学研究費補助金若手研究スタートアップ・若手研究B・新学術領域（研究課題提案型）・挑戦的萌芽研究、理化学研究所基礎科学特別研究員研究費、財団法人新技術開発財団植物研究助成、財団法人交流協会日台共同研究事業、日本学術振興会特定国派遣研究者事業、佐賀大学産学・地域連携機構若手研究者研究助成、佐賀大学地（知）の拠点整備事業地域志向研究などの支援により実施された。

各章の扉の写真は、第1章が大学一年生の春休みに中国の天安門広場で友人らと撮影したもの、第2章は大学院生の頃に九大農学部昆虫学教室で撮影したもの、第3章は九州沖縄農研にいたポスドク一年目の終わり頃（二〇〇四年）、バラ栽培農家の方々が開いてくださった送別会で撮影したもの、第4章は二〇〇四年の夏にオーストラリアで開催された国際会議でのポスター発表の際に撮影したもの、第5章は二〇〇九年に伊豆諸島の神津島でのタマバエ調査の際に撮影したもの、第6章は二〇〇六年に福岡で開催された国際双翅目会議の際に撮影したもの（提供：宇津木 望氏）、第7章は二〇一一年にインド・ダージリンでの調査の折に撮影したもの（提供：井手竜也博士）、第8章は二〇一五年の秋に佐賀大学の大学祭に研究室で出店したときに撮影したもの（提供：明石夏澄さん）、第9章は中学生の頃に夏休みの自由研究で賞をもらい、表彰式に参加した際に撮影したもの、第9章最終二五七頁の写真は佐賀大学教育学部附属中学校の一・二年生へのボランティア授業のようす（二〇一六年九月十日撮影）である。偶然ながら、どの写真も一番左の人物が筆者である。

末筆ながら、私を自由に育ててくださった父・勝昭、母・みち子、祖母・故 トモヨに心より感謝するとともに、日頃から好き勝手に生きて、ろくに連絡もせず、実家にもさっぱり帰らない親不孝を詫びたい。そして、いつも私を激励してくれる妻・みよと、この本の完成を楽しみにしつつ、いつも優しく接してくださった義母・故 照子に心より感謝する。

湯川淳一・松岡達英（1992）虫こぶはひみつのかくれが？（月刊たくさんのふしぎ第 86 号）福音館書店，東京.
湯川淳一・上地奈美・徳田 誠・河村 太（2004）最近，沖縄に侵入したランツボミタマバエとマンゴーハフクレタマバエ．植物防疫 58: 216–219.

midge, *Contarinia maculipennis* (Diptera: Cecidomyiidae), and its congeners in Japan. *Applied Entomology and Zoology* 46: 383-389.
薄葉 重（2007）虫こぶ入門［増補版］. 八坂書房, 東京.
Wakamura S, Yasui H, Mochizuki F, Fukumoto T, Arakaki N, Nagayama A, Uesato T, Miyagi A, Oroku H, Tanaka S, Tokuda M, Fukaya M, Akino T, Hirai Y, Shiga M (2009) Formulation of highly volatile pheromone of the white grub beetle *Dasylepida ishigakiensis* (Coleoptera: Scarabaeidae) to develop monitoring traps. *Applied Entomology and Zoology* 44: 579-586.
Wappler T, Tokuda M, Yukawa J, Wilde V (2010) Insect herbivores on *Laurophyllum lanigeroides* (Engelhardt 1922) Wilde: the role of a distinct plant-insect associational suite in host taxonomic assignment. *Palaeontographica Abteilung B* 283: 137-155.
Yamaguchi H, Tanaka H, Hasegawa M, Tokuda M, Asami T, Suzuki Y (2012) Phytohormones and willow gall induction by a gall-inducing sawfly. *New Phytologist* 196: 586-595.
Yamawo A, Tokuda M (2015) Extrafloral nectar production and plant defense strategy. Peck RL (ed.) *Nectar: Production, Chemical Composition and Benefits to Animals and Plants*. pp. 59-76. Nova Science Publishers, New York.
Yamawo A, Tokuda M, Katayama N, Yahara T, Tagawa J (2015) Ant-attendance in the extrafloral nectar-bearing plant, *Mallotus japonicus*, favours growth by lowering the expression of high-cost, direct defence. *Evolutionary Biology* 42: 191-198.
吉岡裕哉・明石夏澄・木下智章・副島和則・安田雅俊・徳田 誠（2016）国見岳（佐賀県嬉野市）におけるヤマネの初確認. 佐賀自然史研究 No. 21: 1-5.
湯川淳一・桝田 長（1996）日本原色虫えい図鑑. 全国農村教育協会, 東京.
湯川淳一・松岡達英（1992）虫こぶはひみつのかくれが？（月刊たくさんのふしぎ第 86 号）福音館書店, 東京.
Yukawa J, Okaga K, Kamitani S, Ueno T, Partomihardjo T, Kahono S, Ngakan PO (2000) A preliminary report of the field survey in 1999 on Sulawesi Island, Indonesia. *Bulletin of the Institute of Tropical Agriculture, Kyushu University* 22: 51-57.
Yukawa J, Takahashi K, Ohsaki N (1976) Population behaviour of the neolitsea leaf gall midge, *Pseudasphondylia neolitseae* Yukawa (Diptera, Cecidomyiidae). *Kontyû* 44: 358-365.
Yukawa J, Tokuda M, Uechi N, Sato S (2001) Species richness of galling arthropods in Manaus, Amazon and the surroundings of the Iguassu Falls. *Esakia* No. 41: 11-15.
Yukawa J, Uechi N, Tokuda M, Sato S (2005) Radiation of gall midges (Diptera: Cecidomyiidae) in Japan. *Basic and Applied Ecology* 6: 453-461.

and their life history strategies. *Annals of the Entomological Society of America* 98: 259–272.

Tokuda M, Yukawa J (2006) First records of genus *Bruggmanniella* (Diptera: Cecidomyiidae: Asphondyliini) from Palaearctic and Oriental Regions, with descriptions of two new species that induce stem galls on Lauraceae in Japan. *A Annals of the Entomological Society of America* 99: 629–637.

Tokuda M, Yukawa J (2007) Biogeography and evolution of gall midges (Diptera: Cecidomyiidae) inhabiting broad-leaved evergreen forests in Oriental and eastern Palaearctic Regions. *Oriental Insects* 41: 121–139.

徳田 誠・湯川淳一（2010）樹冠から下枝へ、生活舞台の移動．地球温暖化と昆虫（桐谷圭治・湯川淳一編），pp. 140–150．全国農村教育協会，東京．

Tokuda M, Yukawa J, Gôukon K (2007) Life history traits of *Pseudasphondylia rokuharensis* (Diptera: Cecidomyiidae) affecting emergence of adults and synchronization with host plant phenology. *Environmental Entomology* 36: 518–523.

Tokuda M, Yukawa J, Kuznetsov VN, Kozhevnikov AE (2003) *Asteralobia* gall midges (Diptera: Cecidomyiidae) on *Aster* species (Asteraceae) in Japan and the Russian Far East. *Esakia* No 43: 1–10.

Tokuda M, Yukawa J, Suasa-ard W (2008c) *Dimocarpomyia*, a new Oriental genus of the tribe Asphondyliini (Diptera: Cecidomyiidae) inducing leaf galls on longan (Sapindaceae). *Annals of the Entomological Society of America* 101: 301–306.

Tokuda M, Yukawa J, Yasuda K, Iwaizumi R (2002a) Occurrence of *Contarinia maculipennis* (Diptera: Cecidomyiidae) infesting flower buds of *Dendrobium phalaenopsis* (Orchidaceae) in greenhouses on Okinawa Island, Japan. *Applied Entomology and Zoology* 37: 583–587.

Tooker JF, Helms AM (2014) Phytohormone dynamics associated with gall indects, and their potential role of the gall-inducing habit. *Journal of Chemical Ecology* 40: 742–753.

Uechi N, Kawamura F, Tokuda M, Yukawa J (2002) A mango pest, *Procontarinia mangicola* (Shi) comb. nov. (Diptera: Cecidomyiidae), recently found in Okinawa, Japan. *Applied Entomology and Zoology* 37: 589–593.

Uechi N, Tokuda M, Yukawa J, Kawamura F, Teramoto KK, Harris KM (2003) Confirmation by DNA analysis that *Contarinia maculipennis* (Diptera: Cecidomyiidae) is a polyphagous pest of orchids and other unrelated cultivated plants. *Bulletin of Entomological Research* 93: 545–551.

Uechi N, Yukawa J, Yamaguchi D (2004) Host alternation by gall midges of the genus *Asphondylia* (Diptera: Cecidomyiidae). *Bishop Museum Bulletin in Entomology* 12: 53–66.

Uechi N, Yukawa J, Tokuda M, Ganaha-Kikumura T, Taniguchi M (2011) New information on host plants and distribution ranges of an invasive gall

徳田 誠・中嶋ひかる・木下智章・副島和則・安達修平・白濱祥平・安田雅俊（2015a）佐賀県内における15年ぶりのヤマネの生息確認．佐賀自然史研究 No. 20: 7–10.

Tokuda M, Nohara M, Yukawa J (2006) Life history strategy and taxonomic position of gall midges (Diptera: Cecidomyiidae) inducing leaf galls on *Styrax japonicus* (Styracaceae). *Entomological Science* 9: 261–268.

Tokuda M, Nohara M, Yukawa J, Usuba S, Yukinari M (2004a) *Oxycephalomyia*, gen. nov., and life history strategy of *O. styraci* comb. nov. (Diptera: Cecidomyiidae) on *Styrax japonicus* (Styracaceae). *Entomological Science* 7: 51–62.

Tokuda M, Shoubu M, Yamaguchi D, Yukawa J (2008a) Defoliation and dieback of *Abies firma* (Pinaceae) trees caused by *Parandaeus abietinus* (Coleoptera: Curculionidae) and *Polygraphus proximus* (Coleoptera: Scolytidae) on Mount Unzen, Japan. *Applied Entomology and Zoology* 43: 1–10.

Tokuda M, Tabuchi K, Yukawa J, Amano H (2004b) Inter- and intraspecific comparisons between *Asteralobia* gall midges (Diptera: Cecidomyiidae) causing axillary bud galls on *Ilex* species (Aquifoliaceae): species identification, host range, and mode of speciation. *Annals of the Entomological Society of America* 97: 957–970.

Tokuda M, Tanaka S, Maeno K, Harano K, Wakamura S, Yasui H, Arakaki N, Akino T, Fukaya M (2010b) A two-step mechanism controls the timing of behaviour leading to emergence from soil in adult males of the scarab beetle *Dasylepida ishigakiensis*. *Physiological Entomology* 35: 231–239.

Tokuda M, Tanaka S, Zhu DH (2010a) Multiple origins of *Locusta migratoria* (Orthoptera: Acrididae) in the Japanese Archipelago and the presence of two major clades in the world: evidence from a molecular approach. *Biological Journal of the Linnean Society* 99: 570–581.

Tokuda M, Uechi N, Yukawa J (2002b) Distribution of *Asteralobia* gall midges (Diptera: Cecidomyiidae) causing axillary bud galls on *Ilex* species (Aquifoliaceae) in Japan. *Esakia* No. 42: 19–31.

Tokuda M, Yang MM, Yukawa J (2008b) Taxonomy and molecular phylogeny of *Daphnephila* gall midges (Diptera: Cecidomyiidae) inducing complex leaf galls on Lauraceae, with descriptions of five new species associated with *Machilus thunbergii* in Taiwan. *Zoological Science* 25: 533–545.

Tokuda M, Yukawa J (2003) Infestation of *Paradiplosis manii* (Diptera: Cecidomyiidae) on *Abies firma* in Honshu and Kyushu, Japan, and redescription of its morphological features. *Journal of Forest Research* 8: 59–66.

徳田 誠・湯川淳一（2004）我が国の施設栽培バラで発生したバラハオレタマバエ *Contarinia* sp.（ハエ目：タマバエ科）．九州病害虫研究会報 50: 77–81.

Tokuda M, Yukawa J (2005) Two new and three known Japanese species of genus *Pseudasphondylia* Monzen (Diptera: Cecidomyiidae: Asphondyliini)

ハリオタマバエ族の事例を中心に一. 佐賀自然史研究 No. 19: 1-12.
徳田 誠（2014b）伊豆諸島の虫えい形成タマバエ相. 昆虫と自然 49(3): 26-29.
徳田 誠（2015）イチゴハムシの寄主特異性と翅多形. 昆虫と自然 50(12): 8-11.
Tokuda M, Harris KM, Yukawa J (2005) Morphological features and molecular phylogeny of *Placochela* Rübsaamen (Diptera: Cecidomyiidae) with implications for taxonomy and host specificity. *Entomological Science* 8: 419-427.
Tokuda M, Jikumaru Y, Matsukura K, Takebayashi Y, Kumashiro S, Matsumura M, Kamiya Y (2013a) Phytohormones related to host plant manipulation by gall-inducing leafhopper. *PLoS One* 8: e62350.
Tokuda M, Kawauchi K (2013) Arthropod galls found on Toshima and Shikinejima Islands, the Izu Islands, Japan. *Japanese Journal of Systematic Entomology* 19: 261-274.
Tokuda M, Kawauchi K, Kikuchi T, Iwasaki Y (2015) Arthropod galls newly found on the Izu Islands, Tokyo, Japan. *Japanese Journal of Systematic Entomology* 21: 363-365.
Tokuda M, Kojima K, Yukawa J (2000) Occurrence of *Parendaeus abietinus* (Coleoptera: Curculionidae: Ochyromerini) in Kyushu, Japan and its host range. *Esakia* No. 40: 37-39.
Tokuda M, Maryana N, Yukawa J (2001) Leaf-rolling site preference by *Cycnotrachelus roelofsi* (Coleoptera: Attelabidae). *Entomological Science* 4: 229-237.
Tokuda M, Matsumura M (2005) Effect of temperature on the development and reproduction of the maize orange leafhopper *Cicadulina bipunctata* (Melichar) (Homoptera: Cicadellidae). *Applied Entomology and Zoology* 40: 213-220.
Tokuda M, Matsuo K, Kiritani K, Yukawa J (2013b) Insect galls found on Ohshima, Kozushima and Niijima Islands, the Izu Islands, Tokyo, Japan. *Makunagi, Acta Dipterologica* No. 25: 1-16.
徳田 誠・松尾和典・湯川淳一（2012）伊豆諸島の御蔵島と青ヶ島で発見された虫えい. 昆蟲（ニューシリーズ）15: 75-84.
Tokuda M, Matsuo K, Yukawa J (2012) Insect galls found on Miyakejima and Hachijojima, the Izu Islands, Tokyo, Japan. *Esakia* No. 52: 59-66.
徳田 誠・中原正登・山崎 工・上赤博文（2015b）佐賀市金立山における佐賀自然史研究会第 58 回観察会「植物を操る昆虫たちの不思議：虫えい探しに出かけよう」で確認された虫えい. 佐賀自然史研究 No. 20: 25-35.
徳田 誠・中原正登・山崎 工・上赤博文・山口誠治（2016）佐賀県神埼市日の隈山における佐賀自然史研究会第 63 回観察会「植物を操る昆虫たちの不思議：虫えい探しに出かけよう -（秋編）」で確認された虫えい. 佐賀自然史研究 No. 21: 7-15.

Tabuchi K, Amano H (2003b) Host-associated differences in emergence pattern, reproductive behavior and life history of *Asteralobia sasakii* (Monzen) (Diptera: Cecidomyiidae) between populations on *Ilex crenata* and *I. integra* (Aquifoliaceae). *Applied Entomology and Zoology* 38: 501–508.

Tabuchi K, Amano H (2004) Impact of differential parasitoid attack on the number of chambers in multilocular galls of two closely related gall midges (Diptera: Cecidomyiidae). *Evolutionary Ecology Research* 6: 695–707.

Tanaka K, Ogata K, Mukai H, Yamawo A, Tokuda M (2015) Adaptive advantage of myrmecochory in the ant-dispersed herb *Lamium amplexicaule* (Lamiaceae): Predation avoidance through the deterrence of postdispersal seed predators. *PLoS One* 10: e0133677.

Tanaka K, Suzuki N (2016) Interference competition among disperser ants affects their preference for seeds of an ant-dispersed sedge *Carex tristachya* (Cyperaceae). *Plant Species Biology* 31: 11–18.

Tanaka K, Tokuda M (2016) Seed dispersal distances by ant partners reflect preferential recruitment patterns in two ant-dispersed sedges. *Evolutionary Ecology* 30: 943–952.

Thompson (1988) Evolutionary ecology of the relationship between oviposition preference and performance of offspring in phytophagous insects. *Entomologia Experimentalis et Applicata* 47: 3–14.

鶴田靖雄・副島和則・池田憲一（2001）佐賀県で確認されたヤマネ．佐賀自然史研究 No. 7: 47–48.

徳田 誠（1990）藻類に対する生長阻害効果の研究．島根の理科　子どもの研究 第二集（島根県小中学校理科教育研究会編），pp. 203–217．渡部総合プリント，松江．

Tokuda M (2003) Phylogenetic and ecological studies of the tribe Asphondyliini (Diptera: Cecidomyiidae). 博士論文（九州大学）

Tokuda M (2004) *Illiciomyia* Tokuda, a new genus for *Illiciomyia yukawai* sp. n. (Diptera: Cecidomyiidae: Asphondyliini) inducing leaf galls on *Illicium anisatum* (Illiciaceae) in Japan. *Esakia* No. 44: 1–11.

徳田 誠（2005）施設バラにおけるバラハオレタマバエの発生生態と防除．今月の農業 49 (12): 34–37.

徳田 誠（2011）植食性昆虫による植物の生理的改変．植物の生長調節 46 (2): 137–141.

Tokuda M (2012) Biology of Asphondyliini (Diptera: Cecidmyiidae). *Entomological Science* 15: 361–383.

徳田 誠（2013a）虫こぶ・虫えい―昆虫がつくる植物の奇形―．農業および園芸 88: 635–646.

徳田 誠（2013b）研究対象としてのゴール形成昆虫の魅力．昆虫と自然 48 (13): 2–3.

徳田 誠（2014a）虫えいと虫えい形成者をめぐる生物間相互作用―タマバエ科

MM (2015) Taxonomy and biology of a new ambrosia gall midge *Daphnephila urnicola* sp. nov. (Diptera: Cecidomyiidae) inducing urn-shaped leaf galls on two species of *Machilus* (Lauraceae) in Taiwan. *Zootaxa* 3955: 371–388.

Partomihardjo T, Yukawa J, Uechi N, Abe J (2011) Arthropod galls found on the Krakatau Islands and in adjacent areas of Indonesia, with reference to faunistic disharmony between the islands and the whole of Indonesia. Esakia No. 50: 9–21.

Price PW, Fernandes GW, Waring GL (1987) Adaptive nature of insect galls. *Environmental Entomology* 16: 15–24.

Price PW, Fernandes GW, Lara ACF, Brawn J, Barrios H, Wright MG, Ribeiro SP, Rothcliff N (1998) Global patterns in local number of insect galling species. *Journal of Biogeography* 25: 581–591.

Rakitov R, Appel E (2012) Life history of the camelthorn gall leafhopper *Scenergates viridis* (Vilbaste) (Hemiptera, Cicadellidae). *Psyche* 2012: 930975.

Rundle HD, Nosil P (2005) Ecological speciation. *Ecology Letters* 8: 336–352.

Sakakibara H, Kasahara H, Ueda N, Kojima M, Takei K, Hishiyama S, Asami T, Okada K, Kamiya Y, Yamaya T, Yamaguchi S (2005) *Agrobacterium tumefaciens* increases cytokinin production in plastids by modifying the biosynthetic pathway in the host plant. *Proceedings of the National Academy of Sciences, USA* 102: 9972–9977.

佐々木忠次郎（1901–1902）日本樹木害蟲篇．成美堂，東京．

塩見宜久・大橋英純・徳田 誠（2015）クスノキ精油のカ類に対する忌避効果．佐賀大学農学部彙報 No. 100: 27–31.

Stone GN, Schönrogge K (2003) The adaptive significance of insect gall morphology. *Trends in Ecology and Evolution* 18: 512–522.

Suematsu S, Harano K, Tanaka S, Kawaura K, Ogihara Y, Tokuda M (2013) Effects of barley chromosome addition to wheat on behavior and development of *Locusta migratoria* nymphs. *Scientific Reports* 3: 2577.

巣瀬 司（1981）伊豆諸島の生物地理に関する一考察とタマバエに関する覚え書き．*Panmixia* 4: 8–12.

Sunose T (1985) Geographical distribution of two gall types of *Masakimyia pustulae* Yukawa & Sunose (Diptera, Cecidomyiidae) and reproductive isolation between them by a parasitoid. *Kontyû* 53: 677–689.

鈴木義人（2013）ヤナギのゴール形成ハバチにおける植物ホルモン合成．昆虫と自然 48(13): 8–11.

Tabuchi K, Amano H (2003a) Polymodal emergence pattern and parasitoid composition of *Asteralobia sasakii* (Monzen) (Diptera: Cecidomyiidae) on *Ilex crenata* and *I. integra* (Aquifoliaceae). *Applied Entomology and Zoology* 38: 493–500.

Ceratovacuna nekoashi (Homoptera). *Japanese Journal of Entomology* 58: 155–166.
Labandeira CC, Phillips TL (1996) A Carboniferous insect gall: insight into early ecologic history of the Holometabola *Proceedings of the National Academy of Science, USA* 93: 8470–8474.
Lara MEB, Garcia MCG, Fatima T, Ehbeß R, Lee TK, Proels R, Tanner W, Roitsch T (2004) Extracellular invertase is an essential component of cytokinin-mediated delay of senescence. *The Plant Cell* 16: 1276–1287.
前野ウルド浩太郎（2012）孤独なバッタが群れるとき－サバクトビバッタの相変異と大発生．東海大学出版会，秦野．
Mani MS (1964) Ecology of Plant Galls. Dr. W. Junk Publishers, The Hague.
Mani MS (2000) Plant Galls of India (Second Edition). Science Publishers, Enfield (NH), USA & Plymouth, UK.
松村正哉・徳田 誠（2004）フタテンチビヨコバイのイネ幼苗を用いた累代飼育法とトウモロコシ品種のワラビー萎縮症抵抗性簡易検定法．九州病害虫研究会報 50: 35–39.
Matsukura K, Matsumura M, Takeuchi H, Endo N, Tokuda M (2009b) Distribution, host plants, and seasonal occurrence of the maize orange leafhopper, *Cicadulina bipunctata* (Melichar) (Homoptera: Cicadellidae), in Japan. *Applied Entomology and Zoology* 44: 207–214.
Matsukura K, Matsumura M, Tokuda M (2009a) Host manipulation by the orange leafhopper *Cicadulina bipunctata*: gall induction on distant leaves by dose-dependent stimulation. *Naturwissenschaften* 96: 1059–1066.
Matsukura K, Matsumura M, Tokuda M (2010) Both nymphs and adults of the maize orange leafhopper induce galls on their host plant. *Communicative and Integrative Biology* 3: 388–389.
Matsukura K, Matsumura M, Tokuda M (2012) Host feeding by an herbivore improves the performance of offsprings. *Evolutionary Biology* 39: 341–347.
Nakajima J (2012) Taxonomic study of the *Cobitis striata* complex (Cypriniformes, Cobitidae) in Japan. *Zootaxa* 3586: 103–130.
中島 淳（2015）湿地帯中毒：身近な魚の自然史研究．東海大学出版部，秦野．
Nakajima Y, Fujisaki K (2012) Fitness trade-offs associated with oviposition strategy in the winter cherry bug, *Acanthocoris sordidus*. *Entomologia Experimentalis et Applicata* 137: 280–289.
Ohgushi T (2005) Indirect interaction webs: herbivore-induced effects through trait change in plants. *Annual Review of Ecology, Evolution, and Systematics* 36: 81–105.
Ohshima K, Muraoka S, Yasaka R, Adachi S, Tokuda M (2016) First report of wild Japanese garlic (*Allium macrostemon*) mosaic disease caused by *Scallion mosaic virus* in Japan. *Journal of General Plant Pathology* 82: 61–64.
Pan LY, Chiang TC, Weng YC, Chen WN, Hsiao SC, Tokuda M, Tsai CL, Yang

Harano K, Tokuda M, Kotaki T, Yukuhiro F, Tanaka S, Fujiwara-Tsujii N, Yasui H, Wakamura S, Nagayama A, Hokama Y, Arakaki N (2012) The significance of multiple mating and male substance transferred to females at mating in the white grub beetle, *Dasylepida ishigakiensis* (Coleoptera: Scarabaeidae). *Applied Entomology and Zoology* 47: 245-254.

川合禎次（1985）日本産水生昆虫検索図説．東海大学出版会，東京．

Iwaizumi R, Tokuda M, Yukawa J (2007) Identification of gall midges (Diptera: Cecidomyiidae) intercepted under plant quarantine inspection at Japanese sea- and airports from 2000 to 2005. *Applied Entomology and Zoology* 42: 231-240.

Jaschhof M (2007) A neontologist's review of two recently published articles on inclusions of Lestremiinae (Diptera: Cecidomyiidae) in Rovno amber. *Paleontlogical Journal* 41: 103-106.

軸丸裕介・花田篤志・佐藤深雪・笠原博幸・南原英司・山口信次郎・神谷勇治（2007）LC-ESI-MS/MS による植物ホルモンの一斉分析．植物の生長調節 42: 167-175.

陣野信孝（2000）塩生植物―シチメンソウ．有明海の生きものたち―干潟・河口域の生物多様性（佐藤正典編），pp.50-68．海游舎，東京．

Jones CG, Lawton JH, Shachak M (1994) Organisms as ecosystem engineers. *Oikos* 69: 373-386.

Kaiser W, Huguet E, Casas J, Commin C, Giron D (2010) Plant green-island phenotype induced by leaf-miners is mediated by bacterial symbionts. *Proceedings of the Royal Society B*: 277: 2311-2319.

河村俊和・徳田 誠（2004）バラハオレタマバエ．農業総覧 花卉病害虫診断防除編第 7 巻 花木・庭木・緑化樹（追録 3 号），口絵 28: 12-13；本文 150: 46-48．農山漁村文化協会（農文協）

神代 瞬・徳田 誠（2013）ゴール形成機構解明のモデル実験系としてのイネ科作物とフタテンチビヨコバイ．昆虫と自然 48 (13): 16-19.

Kumashiro S, Matsukura K, Kawaura K, Matsumura M, Ogihara Y, Tokuda M (2011) Effect of barley chromosome addition on the susceptibility of wheat to feeding by a gall-inducing leafhopper. *Naturwissenschaften* 98: 983-987.

Kumashiro S, Ogawa R, Matsukura K, Matsumura M, Tokuda M (2014) Occurrence of *Cicadulina bipunctata* (Hemiptera: Cicadellidae) in southwestern Shikoku, Japan and comparisons of gall-inducing ability between Kyushu and Shikoku populations. *Applied Entomology and Zoology* 49: 325-330.

Kumashiro S, Matsukura K, Adachi S, Matsumura M, Tokuda M (2016) Oviposition site preference and developmental performance of a gall-inducing leafhopper on galling and non-galling host plants. *Entomologia Experimentalis et Applicata* 160: 18-27.

Kurosu U, Aoki S (1990) Formation of a "cat's-paw" gall by the aphid

引用文献

Adachi S, Shirahama S, Tokuda M (2016) Seasonal occurrence of *Uroleucon nigrotuberculatum* (Hemiptera: Aphididae) in northern Kyushu and mechanisms of its summer disappearance. *Environental Entomology* 45: 16–23.

Bush GL, Smith JJ (1998) The genetics and ecology of sympatric speciation: a case study. *Researches on Population Ecology* 40: 175–187.

Craig TP, Horner JD, Itami JK (2001) Genetics, experience, and host-plant preference in *Eurosta solidaginis*: Implications for host shifts and speciation. *Evolution* 55: 773–782.

Docters van Leeuwen-Reijnvaan J, Docters van Leeuwen WM (1926) The Zoocecidia of the Netherlands East Indies. Drukkerij de Unie, Batavia.

Dorkins R (1982) The Extended Phenotype. Oxford University Press, Oxford.

Engelbrecht L, Orban U, Heese W (1969) Leaf-miner caterpillars and cytokinins in the "green islands" of autumn leaves. *Nature* 223: 319 - 321.

淵田吉男・藤原智子・小島健太郎・鎌滝晋礼・山田秀人・徳田 誠・佐藤 文（2012）授業を活性化する科学実験ハンドブック．株式会社ミドリ印刷，福岡．

Fujii T, Yoshitake H, Matsuo K, Tokuda M (2012) Collection records of *Darumazo distinctus* (Coleoptera, Curculionidae) from galls induced by *Asteralobia sasakii* (Diptera, Cecidomyiidae) on the Izu Islands, Japan. *Japanese Journal of Systematic Entomology* 18: 253–256.

Fujii T, Matsuo K, Abe Y, Yukawa J, Tokuda M (2014) An endoparasitoid avoids hyperparasitism by manipulating immobile host herbivore to modify plant morphology. *PLoS ONE* 9: e102508.

深津武馬・徳田 誠（2005）昆虫がつくる植物のかたち：エゴノネコアシアブラムシのゴール形成の謎．遺伝 59 (5): 10–13.

Giron D, Huguet E, Stone GN, Body M (2016) Insect-induced effects on plants and possible effectors used by galling and leaf-mining insects to manipulate their host-plant. *Journal of Insect Physiology* 84: 70–89.

後藤弘爾（1994）花の形態形成ー花開く植物分子遺伝学ー．植物の形を決める分子機構：遺伝子から器官形成へ（渡邊昭 他 監修），pp. 52–61．秀潤社，東京．

Hall R (2002) Cenozoic geographical and plate tectonic evolution of SE Asia and the SW Pacific: computer-based reconstructions, model and animations. *Journal of Asian Earth Sciences* 20: 353–431.

Harano K, Tanaka S, Tokuda M, Yasui H, Wakamura S, Nagayama A, Hokama Y, Arakaki N (2010) Factors influencing adult emergence from soil and the vertical distribution of burrowing scarab beetles, *Dasylepida ishigakiensis*. *Physiological Entomology* 35: 287–295.

事項

エ

オ

カ

キ

ク

ケ

コ

サ

シ

セ

ソ

タ

チ

ツ

ト

ナ

和名

索引

学名

著者紹介

徳田　誠（とくだ　まこと）
1975年生まれ
九州大学大学院生物資源環境科学研究科　博士課程修了　博士（農学）
独立行政法人農業技術研究機構 九州沖縄農業研究センター 非常勤研究員，日本学術振興会特別研究員 PD（独立行政法人産業技術総合研究所），独立行政法人農業生物資源研究所 特別研究員，独立行政法人理化学研究所植物科学研究センター 基礎科学特別研究員，九州大学高等教育開発推進センター 助教などを経て，佐賀大学農学部 准教授
2007年　日本応用動物昆虫学会奨励賞 受賞
2011年　日本昆虫学会若手奨励賞 受賞
2013年　日本昆虫学会賞 受賞（共同受賞）
2013年　日本農学進歩賞 受賞
著書：『耐性の昆虫学』（分担執筆）東海大学出版会
　　『地球温暖化と昆虫』（分担執筆）全国農村教育協会　ほか

フィールドの生物学《せいぶつがく》㉑
植物《しょくぶつ》をたくみに操《あやつ》る虫《むし》たち
―虫《むし》こぶ形成昆虫《けいせいこんちゅう》の魅力《みりょく》―

2016年11月30日　第1版第1刷発行
著　者　徳田　誠
発行者　橋本敏明
発行所　東海大学出版部
〒259-1292 神奈川県平塚市北金目4-1-1
TEL 0463-58-7811　FAX 0463-58-7833
URL http://www.press.tokai.ac.jp/
振替　00100-5-46614
印刷所　港北出版印刷株式会社
製本所　誠製本株式会社

ISBN978-4-486-02097-4